AF568232

Ingo Gabriel

PRAXIS: HOLZFASSADEN

MATERIAL PLANUNG AUSFÜHRUNG

Ein besonderer Dank an

Philip Scholz, Philipp Nehse, Grischa Kiesrau und Noel Schrandt für die Bearbeitung der Zeichnungen und Bilder sowie die Gestaltung des Titelblattes,
Carsten Dierks für die fachliche Beratung und Unterstützung und vor allem Martin Mohrmann für die intensive Mithilfe bei der regelmäßigen Aktualisierung.

Alle Angaben und Arbeitsanleitungen in diesem Buch wurden nach bestem Wissen und Gewissen zusammengestellt, eine Gewähr für die Richtigkeit wird jedoch nicht übernommen. Infolgedessen lassen sich für die praktische Umsetzung des hier Dargestellten keine Haftungsansprüche gegenüber dem Autor oder dem Verlag ableiten.

Bibliografische Information der Deutschen Nationalbibliothek

Die Deutsche Nationalbibliothek verzeichnet diese Publikation in der Deutschen Nationalbibliografie; detaillierte bibliografische Angaben sind im Internet unter http://dnb.d-nb.de abrufbar.

ISBN 978-3-936896-44-2

8. Auflage 2023

Grafisches Centrum Cuno, Calbe

Unsere Bücher werden nach höchsten Ansprüchen an Nachhaltigkeit und Ökologie produziert und wir optimieren ständig weiter:

- Papiere und Pappen sind FSC® oder PEFC™ zertifiziert
- Druckfarben auf Pflanzenölbasis
- Druckplattenbelichtung komplett chemiefrei
- Klebstoffe lösungsmittelfrei
- 100% Öko-Strom bei Druck und Bindung
- Müllvermeidung und Recycling bei der Produktion
- kurze Wege, gedruckt in Deutschland

Inhalt

Einleitung

Es gibt nur Weniges in der Geschichte der Baukonstruktion, was heute noch bedingungslos Gültigkeit hat. So wie die Automobilindustrie nichts mehr von den jahrhundertelangen Erfahrungen von Postkutschenbauern lernen kann, so sind auch wir Bauschaffende froh, dass es so etwas wie technologischen Fortschritt gibt.

Nicht viele traditionelle Konstruktionen sind heute noch aktuell. Aber es gibt auch Ausnahmen: Vor ca. 700 Jahren wurde die Gattersäge erfunden; von da an ließen sich Bretter herstellen – etwa seit dieser Zeit werden vorgehängte Holzfassaden gebaut.

Grundsätzlich hat sich seitdem nicht viel verändert: durch moderne Fräs- und Hobeltechnik konnten Profile, Maßhaltigkeit und Befestigung der Fassaden zwar perfektioniert werden, haben aber nicht grundlegend etwas verändert. Holzfassaden bestehen nach wie vor aus dem Grundmodul, dem Brett, und einem Befestigungsmittel, dem Nagel, der heute häufig durch Schraube oder Klammer ersetzt wird.

Die Holzfassade passt immer noch in die Zeit, denn sie bietet nach wie vor alles, was eine gute Fassade ausmacht: Sie enthält nicht mehr Material als notwendig, ist für einen überschaubaren Zeitraum wetterfest, erlaubt vielfältigste Gestaltungsmöglichkeiten, lässt sich relativ einfach montieren und auch wieder verändern – und sie kann im günstigsten Fall sogar verheizt oder kompostiert werden.

Sie ist zwar nicht so dauerhaft wie eine Ziegelfassade, dafür aber wesentlich preisgünstiger und schneller zu erstellen und auch zu verändern. Gerade die begrenzte Dauerhaftigkeit wird als Argument gegen Holzfassaden verwendet.

Um welche Dauerhaftigkeit geht es eigentlich? Bauen wir heute für hundert, fünfzig oder maximal für zwanzig Jahre? Die Antwort lautet: 20 Jahre sind realistisch. Dieser Zeitraum mag einige Bauherren irritieren, insbesondere wenn man überlegt, dass viele Gebäude dann noch gar nicht bezahlt sind. Hier liegt das Problem.

In vielen Köpfen ist noch nicht angekommen, dass die Halbwertzeiten eines Gebäudes, seiner Bauteilen und Ausstattungselemente wesentlich kürzer geworden sind. Häuser, die fünfzig, sechzig Jahre alt sind, werden generalsaniert oder sogar abgerissen. Das Haus selbst ist abgewohnt, die Wertsteigerung ergibt sich allein aus dem Grundstück.

Niemand möchte noch ein Haus mit 1960er oder 1970er-Outfit bewohnen, man kann sogar davon ausgehen, dass manche Intervalle noch kürzer werden: bei einer Heizanlage sind es gerade noch 15 Jahre, bis diese erneuert werden muss, bei Fußböden und Oberflächen liegt man in einem ähnlichen Bereich, von der Möblierung mal ganz abgesehen.

Da gerade die Fassade auch Ausdruck von Lebensgefühl, Haltung und Geschmack ist, erscheint es nachvollziehbar, dass womöglich die heutigen Ansprüche nicht mehr mit denen der Großeltern übereinstimmen. Betrachtet man die Grundfunktionen einer Außenwand: Tragen, Dämmen, Wetterschutz, so wird die statische Bedeutung (das Tragen) in den seltensten Fällen einem Wandel vollzogen, die Dämmstärke ist in den letzten 50 Jahren um das 3- bis 5-fache gestiegen und die Fassade befindet sich in einem Spannungsfeld zwischen der reinen Schutzfunktion vor Wind und Wetter und der Vielfalt von Gestaltungsmöglichkeiten, selbst um den Preis, dass die Holzfassade für ihre originären Funktionen ungeeignet erscheint. Sie wird zum modischen Accessoire, zur reinen Dekoration!

Wenn man sich einmal vor Augen hält, dass vor dreißig Jahren der Wärmedurchgang durch eine Außenwand ca. zweieinhalb Mal höher war als heute, dann wird deutlich, welche Einbahnstraße eine damals errichtete Ziegelfassade darstellt. Welche Alternativen bleiben denn: Abreißen oder weiter Energie verschleudern? Beide Lösungen erscheinen unbefriedigend. Und bei einer Holzfassade: abschrauben, vielleicht optisch nacharbeiten, Außenwand nachdämmen und wieder anbauen – eigentlich ganz einfach. In Kapitel 8 sehen Sie, wie´s geht. Und vor allem: eine solche Arbeit kann in Eigenleistung verrichtet werden. Es empfiehlt sich ein berufgenossenschaftlich zugelassenes Gerüst, aber ein solches kann man sich überall ausleihen (ab 12 €/m² bei 4 Wochen Vorhaltung), und vergleichsweise wenig Werkzeug.

Das Problem besteht im Kopf: Bauen ist immer von dem handwerklichen und technischen Entwicklungsstand geprägt gewesen, wobei heute die Material- und Montagetechnologien das handwerkliche

Fassadenmaterialien			
Material	spez. Gewicht kg/m²	Graue Energie kWh/m²	spez. Kosten €/m²
Ziegel	200-240	50-70	180-220
Naturstein	80-120	100-120	300-700
Faserzement	18-20	50-70	120-180
Aluminium	15-18	110-150	180-250
Holz unbehandelt	14-18	10-15	90-120
Holz beschichtet	14-18	15-30	110-140
Holzwerkstoffplatten	16-22	25-50	90-120

Tabelle 0.1: Fassadenwerkstoffe im Vergleich.

0.1
Für wie lange bauen wir noch? Hier eine Ziegelfassade aus den 1960er Jahren, die zwar 500 Jahre halten würde, aber nach 50 Jahren abgerissen wird, weil sie weder energetisch noch gestalterisch den Anforderungen der Zeit genügt. Und wieso benötigt man 25 Tonnen Gewicht, um sich vor Regen zu schützen?

Know-how verdrängen. In vielen Bereichen, und dazu gehören auch die Holzfassaden, sind technisch versierte Laien heute in der Lage, die Arbeiten auszuführen, die noch vor 20 Jahren ausgebildete Handwerker erforderten: Für die Montage einer Holzfassade genügen eine gute Kappsäge, eine Bohrmaschine, ein Akkuschrauber, ein Zollstock und eine Wasserwaage.

Sie *müssen* die Außenhaut Ihres Gebäudes nicht verändern, aber Sie *können* es. Die Hemmschwelle ist geringer als bei anderen Fassadenarten: Vielleicht soll Ihre Außenhülle mit einer neuen Technologie, wie z.B.Fotovoltaik versehen werden, vielleicht werden auch irgendwann die Fenster vergrößert oder es sollen Verschattungselemente installiert werden: das alles lässt sich bei einer Holzfassade einfacher ausführen, als bei anderen Fassadenarten.

Holzfassaden erfordern einfach einen anderen Umgang als eine Ziegel- oder Putzfassade. Natürlich stellt sich die Frage der Dauerhaftigkeit und der Pflegeintervalle – glücklicherweise. Man stelle sich nur einmal vor, seine 20 Jahre alte Holzfassade frohen Herzens verheizen zu können und dem Haus einen neuen Maßanzug zu verpassen, der den aktuellen technologischen Erkenntnissen entspricht und dem Haus eine neue Frische verleiht. Wir sprechen aus eigener, langjähriger Erfahrung. Es geht nicht darum, Wegwerffassaden zu proklamieren, sondern um einen nachhaltigen Umgang mit Ressourcen im Kontext zeitgemäßer Technologien und sich verändernder Lebensweisen. Dabei gilt es allerdings, diesen Begriff mit angemessenen Zeiträumen zu verbinden. Auch wenn ein Baustoff normalerweise länger hält als 20 Jahre, wird seine Funktion zweifelhaft, sobald er dem technischen Fortschritt im Wege steht. Bei einem solchen Denkansatz werden Holzfassaden sehr gut abschneiden. Insbesondere die naturbelassene unbehandelte Holzfassade kann, wenn sie 20 Jahre später problemlos verheizt wird, als Brennstoffzwischenlager betrachtet werden, bei dem lediglich die Energie fürs Sägen und Hobeln anfällt. Auf die Nutzungsdauer verteilt, ist diese rechnerisch nicht erwähnenswert.

Bei allem Abwägen von rationalen Argumenten und Prioritäten, Risiken und Nebenwirkungen lässt sich die Entscheidung relativ einfach auf den Punkt bringen: Mag man die Holzfassade, oder eigentlich lieber eine aus Stein? Es ist die gleiche Grundsatzfrage wie bei anderen Themen auch: Bahn oder Auto, Bier oder Wein, Fleisch oder Gemüse, Meer oder Berge…

Aber wenn schon Holz, dann auch richtig. Der Marktanteil der polymergebunden Zelluloseprodukte mit Holzdecor ist ständig gestiegen: man möchte eigentlich eine Holzfassade, aber mit den Nachteilen des Holzes nichts zu tun haben: Plastikholz erfüllt den Tatbestand des Kitsches. Dann doch lieber Stein, das ist wenigstens ehrlich.

Wir wünschen Ihnen
eine frohgelaunte Entscheidung.

1 Geschichte der Holzfassaden

Bis zur Erfindung der Eisenbahn war es unumgänglich, alle Materialien, die zum Bau von Häusern benötigt wurden, vor Ort zu suchen oder abzubauen und zu be- bzw. verarbeiten. Lange Transportwege waren bis dahin nur exklusiven und wertvollen Handelsgütern wie z.B. Gewürzen vorbehalten.

Die regionalen Baustile waren somit von den natürlich vorkommenden Materialien geprägt – z.B. Naturstein im Tessin, Schiefer im Hunsrück und im Sauerland, Stroh und Schilf in den deutschen Küstenregionen, Lehm (in gebrannter Form: Ziegel) im gesamten norddeutschen Raum und, weltweit am meisten vorkommend, Holz. Gespalten und später gesägt war und ist Holz einer der vielseitigsten Baustoffe und, weil zug- und druckbelastbar, das einzige Material, aus dem sich *alle* raumbildenden und tragenden Elemente wie Wände, Decken, Fußböden und Dächer herstellen lassen.

Der Bau von Holzfassaden ist eng mit dem Einsatz von Holz für die Tragkonstruktion verbunden. Alle Holzkonstruktionen erhielten auch Holzfassaden. Diese direkte Abhängigkeit ist heute nicht mehr gegeben – Holzhäuser werden mit Ziegel-

1.1
Finnische Stabkirche aus dem 18.Jahrhundert. Die für nordische Länder typische Oberflächenbehandlung erfolgte bis vor wenigen Jahren auf der Basis von Ochsenblut und Kalk.

1.2
Älteste finnische Holzfassaden in Rauma/Finnland aus dem 18. Jahrhundert. Verwitterungsschäden wurden regelmäßig ausgebessert, manchmal hielten die Fassaden im Laufe der Jahre mehr durch die Vielzahl der Anstriche zusammen als durch ihre Verbindungsmittel.

fassaden verblendet, Massivbauten erhalten Holz- oder Plattenwerkstofffassaden.

Wenn man in Europa die Regionen mit einer ausgeprägten Holzbaukultur betrachtet, so sind zwei Gebiete besonders hervorzuheben: Skandinavien und der Alpenraum. Da diese Gegenden teilweise einen Waldanteil von über 50% aufweisen, wächst der Baustoff dort statistisch betrachtet auf dem Grundstück.

Ein wesentlicher Unterschied liegt jedoch in der Art der Oberflächenbehandlung: Während im skandinavischen Raum überwiegend ein farbiger Holzschutz verwendet wird, wie der typische rote Anstrich aus Ochsenblut und Kalk, sind im Alpenraum ebenso wie in den osteuropäischen Ländern eher naturbelassene und natürlich vergrauende Fassaden vorzufinden. Dieser Unterschied lässt sich vielleicht klimatisch erklären. Die Sonneneinstrahlung ist in Skandinavien vor allem im Winterhalbjahr wesentlich geringer, so dass eine natürliche Austrocknung des Holzes nicht erfolgt. Somit ist eine Beschichtung für eine erträgliche Dauerhaftigkeit unumgänglich.

Während vor allem im nördlichen Alpenraum immer mehr unbehandelte Fassaden in einer gestalterischen Vielfalt ausgeführt werden, ist in Skandinavien der Anteil der Holzfassaden kontinuierlich zurückgegangen. Farbig behandelte Holzfassaden können auch heute noch nicht dauerhaft hergestellt werden, ohne dass es einer regelmäßigen Wartung bedarf.

1.4 und 1.5 *oben und Mitte*
Früher war nicht alles besser: Es wurden immer wieder konstruktive Fehler gemacht, teilweise fehlten auch geeignete Materialien, um dauerhafte Anschlusspunkte herzustellen. Das Erneuern von Bauteilen war die selbstverständliche und ständig wiederkehrende Arbeit in den Wintermonaten.

1.6 *unten links*
Wirtschaftsgebäude in Mittelschweden. Unterer Fassadenübergang zu der darunterliegenden Wand. Damit wird eine Tropfkante zum geputzten Mauerwerk ausgebildet – wirksam, aber nicht für die Ewigkeit.

1.7 *unten Mitte*
Zierelemente waren in der Vergangenheit eine Selbstverständlichkeit. Allerdings sind viele dieser exponiert stehenden Hölzer Verschleißteile, die bewusst in Kauf genommen wurden. Das Bewusstsein, diese regelmäßig zu pflegen und ggf. auszuwechseln, war ausgeprägt.

Holzschindeln

Die ältesten bekannten Holzschindelfassaden sind ca. 6000 Jahre alt: in Oberschwaben wurden Reste von Buchenschindeln gefunden. Alte Schindeltraditionen bestehen auch in China und Japan sowie in Südostasien, wo noch heute zahlreiche Paläste erhalten sind, die vor Jahrhunderten mit Teakholz-Schindeln gedeckt wurden.

Bis ins 19. Jahrhundert wurden Nägel handgeschmiedet, erst danach war es möglich, Nägel durch Kaltverformung von Stahldraht industriell herzustellen. Damit wurde der Bau von Brett- und Schindelfassaden wesentlich einfacher und preisgünstiger. Von da an entstanden in verschiedenen Regionen gleichzeitig neue landschaftstypische Traditionen, zum Teil mit Zierschindeln (z.B. Rundschindeln im Bereich Allgäu-Vorarlberg-Ostschweiz, Schwarzwald, Oberhessen), zum anderen Teil aber auch rein funktional als schlichte eckige Schindeln.

Holzschindeln wurden lange auch zur Dacheindeckung verwendet. Schindelfassaden und -dächer waren früher die Hüllkonstruktionen der Häuser armer Leute. Holz war in vielen Regionen im Überfluss vorhanden, das relativ einfache Spalten mit der Spaltaxt war im Winter eine willkommene Abwechslung zur sonstigen harten Arbeit der Menschen während des Jahres. Im Mittelalter waren Holzschindeln neben Stroh und Schilf das am meisten verbreitete Deckungsmaterial. Verheerende Feuersbrünste entstanden durch die zunehmende Dichte in mittelalterlichen Städten, so dass diese Materialien ab dem 16. Jahrhundert durch die mittlerweile herstellbaren Dachziegel ersetzt wurden. Zu Beginn des 20. Jahrhunderts wurden Dachschindeln wirtschaftlich praktisch bedeutungslos.

In den traditionell eher ärmeren und agrarisch orientierten Landschaften wie im Schwarzwald, Allgäu, Bayerischen Wald, Odenwald usw. ist die Schindeltradition bis heute erhalten. Auch in Ostdeutschland gab es bis zum 2. Weltkrieg eine ausgeprägte Schindelkultur.

Die Renaissance der Holzfassade

Nach dem 2. Weltkrieg wurden Holzfassaden noch seltener gebaut. Ein Grund lag in der Pflegeintensität – das Bedürfnis nach Dauerhaftigkeit und Pflegeleichtigkeit do-

1.8
Die Holzschindelfassade ist eine arbeitsaufwändige und vergleichsweise holzintensive Fassadenart (Überdeckung ca. 50 - 66%). Aufgrund der Kleinteiligkeit der Schindeln sind Ecken und Anschlusspunkte relativ einfach ausführbar.

1.9
Holzfassade im Vorarlberg: Die Holzschindelfassade verfügt geschossweise über ein Gesimse, welches einen konstruktiven Wetterschutz für die darunterliegenden Fenster bildet. Typisch sind auch die unterschiedlichen Vergrauungsstufen bei großen Dachüberständen.

1.10
Einsteinhaus in Caputh, 1932 von Konrad Wachsmann geplant und von der damals führenden Holzbaufirma Christoph & Umnack gebaut. Die Holzfassade befindet sich, wenn auch immer mal wieder saniert, noch in einem guten Zustand.

minierte. Außerdem war das bürgerliche Repräsentationsbedürfnis eher mit einer Ziegelfassade zu befriedigen. Ein zweiter Grund war die potentielle Brandgefahr, bedingt durch die zunehmende Bebauungsdichte bei gleichzeitig hohem Funkenflug infolge Ofenheizung. Da auch die Brandkassen erst gegen Ende des 20. Jahrhunderts bereit waren, die Prämien für die Feuerversicherung von Häusern mit Holzfassaden denen mit massiver Fassade anzupassen, waren Holzfassaden lange zur Bedeutungslosigkeit verurteilt. Eine Ausnahme bildeten landwirtschaftliche Gebäude, die schon immer aus naheliegenden Gründen ausschließlich in Holz gebaut wurden.

Erst die Ökobewegung der 1980er Jahre brachte eine Wiederbelebung der Holzfassade, in Verbindung mit Holzrahmenbauten und energiesparenden Gebäudehüllen. Traditionelle Konzepte wurden grundlegend infrage gestellt, Baukonstruktionen unter Nachhaltigkeitsaspekten neu erfunden. Unbehandelte Lärchenholzfassaden spielten in diesem Zusammenhang zwar nur eine kleine Rolle, entwickelten sich aber schnell zum Symbol des umweltbewussten Bauens.

Funktionalität, geringe Kosten, ein bewusster Umgang mit Alterung, spätere rückstandsfreie Kompostierbarkeit und der Verzicht auf den traditionellen Repräsentationsanspruch waren Argumente für eine Holzfassade statt einer Ziegelfassade. Es sind dabei nicht immer die attraktivsten Gebäude entstanden, manche werden heute gern als *Müsliarchitektur* milde belächelt. Man wünscht sich aber oft die Leidenschaft und den Pioniergeist zurück, den diese Bauherren- und Architektengeneration hatte! Die Hoffnung auf einen gesellschaftlichen Wertewandel, der sich in diesen Häusern widerspiegelte, hat sich leider nicht erfüllt.

1.11
Ökohaus der frühen 1980er Jahre: Großer Wintergarten und unbehandelte Lärchenholzfassade. Auch wenn in dieser Zeit viele konzeptionelle und Ausführungsfehler begangen wurden, so sind die Erfahrungen und Erkenntnisse unverzichtbar für das heutige Bauen. Identifikation und emotionale Bindung der Bauherren an ihre Häuser sind trotz objektiver Mängel weit höher als bei konventionellen Bauten.

2 Bauphysik der Holzfassade

Die Holzfassade unterliegt prinzipiell den gleichen physikalischen Beanspruchungen durch Temperaturunterschiede, Niederschläge, Sonneneinstrahlung sowie Feuchtigkeitsdiffusion wie jede andere Fassade. Die jahreszeitlich bedingten, aber auch im Tagesverlauf auftretenden Lastwechsel führen zu einer stärker schwankenden Materialfeuchte, zu höheren Temperaturdifferenzen und zum Abbau des Lignins. Somit ist bei Holzfassaden eine sorgfältigere Planung notwendig als bei mineralischen Fassadenwerkstoffen.

Hinterlüftung

Die Holzfassade, ausgenommen beim klassischen Blockbohlenbau, fällt in die Kategorie der *hinterlüfteten Fassaden*, im Gegensatz zu den nicht hinterlüfteten Fassaden beispielsweise bei Wärmedämmverbundsystemen (WDVS) oder kerngedämmtem Ziegelmauerwerk.

Die Hinterlüftung ist notwendig, um die periodische Austrocknung des Holzes zu gewährleisten. Jede Holzfassade ist nicht nur der Feuchtigkeitsbelastung durch Schlagregen und Kondensatausfall ausgesetzt, sondern auch der von innen nach außen diffundierenden Luftfeuchtigkeit. Beide Phänomene führen zu einer erhöhten Holzfeuchte. Dauerhaft durchfeuchtetes Holz aber ist verrottungsgefährdet, auf jeden Fall nimmt die Gefahr von Pilz- und Algenbildung zu.

Gemäß DIN 68800 sowie den Fachregeln des Zimmererhandwerks, Ausgabe Januar 2020, ist ein Mindestluftraum von 2 cm zwischen Fassade und der dahinter liegenden Konstruktion ausreichend, um eine wirkungsvolle Konvektion zu erzeugen. Eine weitere Funktion der Luftschicht besteht darin, dass eindringende Feuchtigkeit auf der Rückseite des Holzes abtropfen kann.

Ist nur unten eine Belüftungsöffnung vorhanden, was bei Brettschalungen aufgrund des hohen Fugenanteils ausreichend ist, so muss die Querschnittsfläche mindestens 100 cm²/m Wandlänge betragen. Sind, wie bei Plattenwerkstoffbekleidungen, unten und oben Be- und Entlüftungsöffnungen notwendig, so muss der freie Luftquerschnitt jeweils mindestens 50 cm²/m Wandlänge betragen.

Feuchtigkeit

Holz ist ein hygroskopischer Werkstoff, der, anders als mineralische Fassadenwerkstoffe, auf die schwankende Eigenfeuchte (Gleichgewichtsfeuchte) mit ausgeprägtem Quellen und Schwinden reagiert. Die Feuchtigkeit kann verschiedene Ursachen haben:

- (Schlag-)Regen, Schnee, Hagel
- hohe relative Luftfeuchte
- Spritzwasser
- Kondensatbildung.

Die Gleichgewichtsfeuchte bezeichnet den Wasseranteil im Holz, der sich je nach Umgebungsfeuchte einstellt. Im Winterhalbjahr nimmt Holz in der Fassade größere Mengen Feuchtigkeit auf (bis zu 25% Wasseranteil), die in der trockenen Jahreszeit wieder austrocknen. Bei stark besonnten Fassaden kann die Holzfeuchte auf bis unter 10% relative Feuchte absinken.

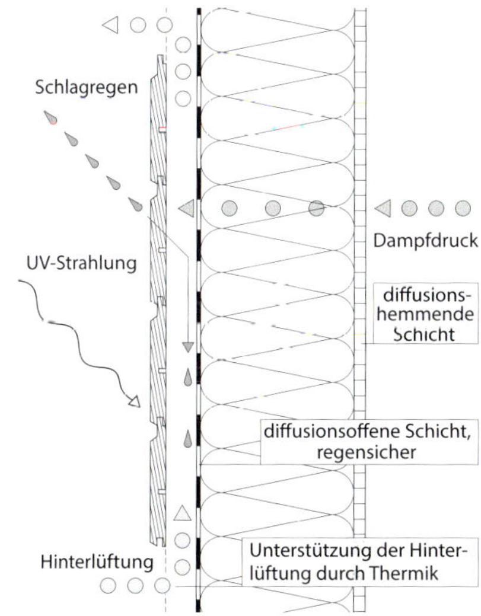

2.1

Prinzip der Hinterlüftung. Die Hinterlüftung hat zwei Funktionen: Eindringender Schlagregen kann auf der Rückseite der Fassade abtropfen und verhindert Staunässe. In der oben und unten mit der Außenluft verbundenen Luftschicht wird durch die Konvektion sowohl die von außen eingedrungene Feuchtigkeit als auch die Diffusionsfeuchte aus der Wand abtransportiert.

Tabelle 2.1

Typische Holzfeuchten in Abhängigkeit von der Einbausituation.

Gleichgewichtsfeuchte gemäß DIN 1052-1:1988-04	
Anwendung	Holzfeuchte [%]
Allseitig geschlossene Bauwerke	
mit Heizung	9 ± 3
ohne Heizung	12 ± 3
Überdeckte, offene Bauwerke	15 ±3
Konstruktionen, die der Witterung allseitig ausgesetzt sind	18 ± 6

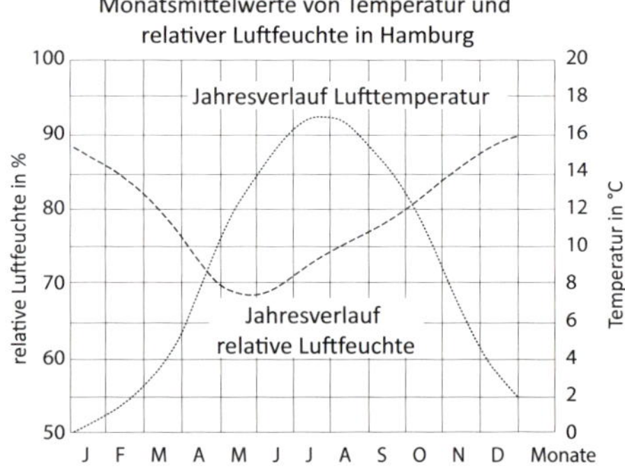

2.2

Monatsmittelwerte von Außentemperatur und Luftfeuchtigkeit im Jahresverlauf (Klimadaten Hamburg).

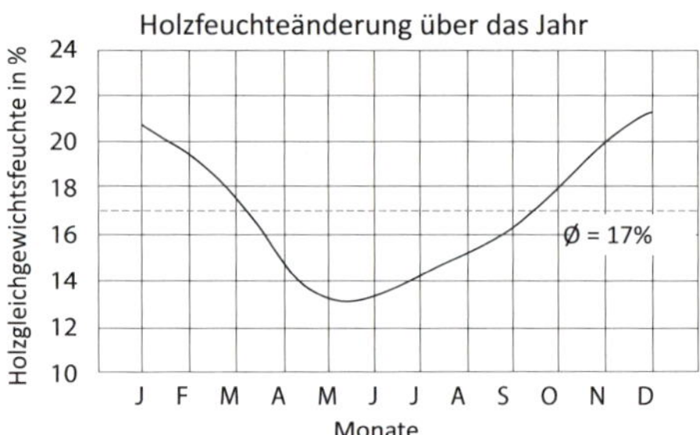

2.3

Veränderungen der Holzfeuchte in einer Holzfassade im Jahresverlauf. Im Winter ist die Feuchte nahezu doppelt so hoch wie im Sommer.

Durch den schwankenden Feuchtigkeitsgehalt kommt es zum Schwinden und Quellen des Holzes, was bei breiten Brettern fast zwangsläufig mit der Gefahr der Rissbildung verbunden ist.

Dieses Reißen parallel zur Faserrichtung beeinträchtigt die Funktion des Wetterschutzes zunächst nicht. Da die Risse häufig im Bereich der Verbindungsmittel auftreten, führen sie dort zunächst zu optischen Mängeln, später in Einzelfällen zum Verlust der Tragfähigkeit. An den Brettenden führt dieses Aufplatzen zu klaffenden Fugen, die das Eindringen von Feuchtigkeit in das Brett begünstigen und auf Dauer zum Befall von Mikroorganismen führt, wodurch die spätere Fäulnis hervorgerufen wird.

Das Holz wird außerdem weicher, was zu einem verstärkten mechanischen Abtrag an der Oberfläche sowie zu einer erhöhten Auswaschung von Holzbestandteilen (z.B. Lignin) führt. Hieraus resultiert eine größere Rauigkeit der Holzoberfläche, welche die Verschmutzung und den biologischen Abbau begünstigt.

Schimmelbildung

Schimmelpilzbildung ist bei unbesonnten Holzfassaden, aber auch an Schalungen von Dachüberständen ein weit verbreitetes Problem geworden. Eine typische Ursache für Schimmelbefall ist im Winter die starke Auskühlung sowie die Kondensatbildung auf der Fassade. Außerdem tragen nicht ausreichend geschütztes Holz sowie ungeeignete Holzarten (z.B. Seekiefer, Birke, Buche) dazu bei. Schimmel- und Bläuepilze sind allerdings nur *holzverfärbend*, zerstören aber das Holz selbst nicht. Allerdings durchbohren die Hyphen der Bläuepilze die Zellwände, wodurch diese mehr Feuchtigkeit aufnehmen. Erst dadurch ist die Voraussetzung für die Ansiedelung *holzzerstörender* Pilze geschaffen. Als geeignete Holzarten im Außenbereich gelten

2.4 *(links)*

Etwa 15 Jahre alte Fassade eines Reihenhauses in Bregenz. Deutlich zu erkennen ist die Rissbildung im Bereich der Verbindungsmittel, vor allem, wenn diese nicht vorgebohrt sind bzw. der Abstand des Befestigungsmittels zu den seitlichen Rändern und den Brettenden nicht eingehalten ist.

2.5 *(rechts)*

Rissbildung in einer Stülpschalung durch Schwinden. Je breiter die einzelnen Bretter sind und je höher die Einbaufeuchte des Holzes ist, umso wahrscheinlicher entstehen in Faserrichtung verlaufende Risse. Die meisten Anstrichsysteme können solche Schwindrisse nicht überbrücken.

Hölzer höherer Dauerhaftigkeitsklassen, z.B. Lärche und Douglasie. Aber auch diese sind bei hoher Umgebungsfeuchte nicht befallresistent.

Temperatur

Aufgrund seiner geringen Rohdichte ist Holz (Dichte ca. 500 – 800 kg/m³) ein schlechter Wärmeleiter. Die Wärmeleitfähigkeit schwankt je nach Holzart, Holzfeuchte, Faserrichtung und Temperatur. Die durch Temperaturveränderungen hervorgerufenen Ausdehnungen sind aber vernachlässigbar im Vergleich zum Quellen und Schwinden infolge Feuchtigkeitsschwankungen. Intensiv besonnte, dunkel beschichtete Oberflächen erreichen aufgrund der geringen Wärmeleitfähigkeit und Speichermasse (im Gegensatz zu Ziegelfassaden) eine Oberflächentemperatur von bis zu 80°C.

Dieser Temperaturanstieg führt dann zwangsläufig zu einem beschleunigten Trocknen des Holzes und somit zum Absinken der Ausgleichsfeuchte im Holz. Insbesondere bei süd- und westexponierten Holzfassaden kann dieser Trocknungsprozess zu starker Rissbildung führen.

Zur Reduzierung der Rissbildung wird häufig empfohlen, die Fassadenbretter vor der Verarbeitung auf die spätere Gebrauchsfeuchte zu akklimatisieren. In der Praxis ist das allerdings kaum möglich, da die tatsächliche Gebrauchsfeuchte aufgrund des veränderlichen (Mikro-)Klimas an der Fassade nicht konstant ist.

Oberflächentemperaturen auf Holzfassaden

RAL Nr.	Farbton	°C	Tönung
9001 1004 1015	Cremeweiss Goldgelb Hellelfenbein	40 - 50	hell
2002 3000	Blutorange Feuerrot	50 - 65	mittel
3003 5007 5010 6011 7001 7011 7031 8003 9005	Rubinrot Brillantblau Enzianblau Resedagrün Silbergrau Eisengrau Blaugrau Lehmbraun Tiefschwarz	65 - 80	dunkel
Lasurfarben			
Farblos, Hellbraun, Eiche		50 - 60	hell
Mittelrot, Mittelbraun, Teak		60 - 70	mittel
Nuss, Dunkelbraun Anthrazit		70 - 80	dunkel

Tabelle 2.2 *links*
Oberflächentemperaturen auf Holzfassaden mit verschiedenen Farbtönen.
Quelle: BFS, Merkblatt Nr. 18

2.6 *oben*
Schwarzschimmelbildung an einer nach Osten orientierten Lärchenholzfassade. Die horizontal verlegten Bretter trocknen schlechter ab und sind daher wesentlich gefährdeter als die vertikal verlegte Nordseite.

2.7 *Mitte*
Schimmelbildung an einer Holzwerkstoffplatte. Eine hohe Gefährdung tritt an wenig besonnten und windberuhigten Fassaden auf.

2.8 *unten*
Holzfassade eines Hafengebäudes. Durch den ständigen Wechsel von Sonneneinstrahlung und Wetterbelastung laugt das Holz aus, großflächige Rissbildung ist unvermeidbar.

Risse entstehen vor allem in Faserrichtung und entlang der Grenzen der einzelnen Jahresringe. Neben dem potentiellen optischen Mangel besteht ferner die Gefahr, dass Feuchtigkeit und Mikroorganismen den Fäulnisprozess im Bereich der Risse beschleunigen.
Holzwerkstoffplatten, wie z.B. Sperrholz- und Dreischichtplatten, reißen zwar auch an den Deckschichten, allerdings erreichen die Risse aufgrund der Verleimung nicht die tieferen Tragschichten.

Je größer und häufiger die Temperatur- und Feuchtigkeitsschwankungen in der obersten Schicht sind, desto mehr arbeitet das Holz, wodurch die Rissbildung erhöht und die Wartungsintervalle der Beschichtung wesentlich verkürzt werden.

Globalstrahlung

Sonnenlicht, vor allem die energiereiche kurzwellige Strahlung, hat einen entscheidenden Einfluss auf die Alterung der Holzoberfläche und den Substanzabbau. Die UV-Strahlung dringt mit maximal 75 mm weniger tief ins Holz ein als sichtbares Licht (bis zu 200 mm), wird also gleich an der Oberfläche absorbiert. Dabei wird Lignin wesentlich stärker abgebaut als Zellulose. Gleichzeitig nimmt der Polymerisationsgrad der Zellulose deutlich ab, was auch die Zugfestigkeit des Holzes vermindert. Die Funktion als Fassadenbekleidung wird von diesem Vorgang jedoch nicht beeinträchtigt.

Bei weiterer Lichteinwirkung nähert sich die Holzoberfläche farblich mehr der natürlichen Farbe von Zellulose (silber-weiß) an, und durch eine auf Dauer kaum vermeidbare Verschmutzung kommt es zur typischen Graufärbung des Holzes. Diese Vergrauung ist dabei abhängig von der Himmelsrichtung der Holzfassade und dem daraus resultierenden Grad des Ligninabbaus infolge Regens. Die Grauverfärbung wird mit zunehmender Zeit durch die Ansiedlung von Mikroorganismen verstärkt.

Die verschiedenen Holzarten, z.B. Fichte, Lärche und Eiche, weisen nach dem Vergrauen nur geringfügige Farbunterschiede auf, ein Unterschied ist beim ersten Hinsehen nicht erkennbar.

Wird das Holz durch Anstriche beschichtet, beeinflusst die Art der Beschichtung auch den photochemischen Abbau des Holzes. Bietet der Anstrich keinen ausreichenden Schutz gegenüber UV-Strahlung, wie das z.B. bei transparenten Oberflächenbehandlungen der Fall ist, führt das sowohl zum Abbau der Beschichtung selber wie auch zur Zerstörung des holzeigenen Lignins. Die Beschichtung kann sich dann mangels Haftgrund von der Holzoberfläche ablösen. Ein fehlender UV-Absorber in transparenten Beschichtungen kann zu der bereits beschriebenen Zerstörung der Holzoberfläche führen, auch wenn die Beschichtung selbst noch einige Zeit schadensfrei bleibt.

2.9
Die schwarz lasierte Holzfassade am Wohnhaus des Autors zeigt einen typischen Konflikt beim Bauen: Einerseits die Eleganz des Farbtons, andererseits resultieren aus der höheren thermischen Belastung kürzere Wartungsintervalle. Wenn man sich über die Konsequenz im Klaren ist, kann man sich frohen Herzens entscheiden.

Wind

Wind in Verbindung mit Regen führt zu erhöhtem Niederschlagsaufkommen an senkrechten Bauteilen und damit zu erhöhten Feuchtebelastungen in diesen Bereichen. So sind Windkräfte die wichtigste Ursache für das Eindringen von Regenfeuchtigkeit in die Holzoberflächen.

Durch den Windeinfluss wirkt das Wasser intensiver auf die Fassade ein, so dass die Feuchtigkeit umso tiefer in das Holz eindringt. Darüber hinaus wirken mitgeführte Staubpartikel in der Luft auf die Oberfläche und verursachen einen beschleunigten mechanischen Abtrag des Materials im Frühholz. Das *Frühholz* (im Gegensatz zum sommerlichen *Spätholz* mit dickwandigen Zellen) bildet sich zu Beginn der Wachstumsperiode (Frühjahr) und besteht aus eher lockerem Gewebe und großvolumigen Zellen, welches den Transport von Wasser und Mineralien fördert. Die Belastung der Oberfläche ist stark von der Hauptwindrichtung abhängig. In Mittel- und Norddeutschland wirkt die höchste Schlagregenbelastung auf die nach Westen ausgerichteten Fassaden ein. Es besteht ein direkter Zusammenhang zwischen Farbveränderung, Alterung der Holzoberfläche und Hauptwindrichtung. Ein dauerhafter Holzschutz ist an den stark belasteten Flächen kaum möglich.

Luftverunreinigungen

Für Holzoberflächen relevante Verschmutzungen entstehen durch Partikel unterschiedlicher Größe, wässrige Lösungen und flüchtige Gase in der Luft. Die Luftbelastungen sind regional verschieden und in Städten infolge von Industrieanlagen und Verkehrsaufkommen höher als in ländlichen Gebieten. Je rauer die Oberfläche des Holzes ist (z.B. bei ungehobelten Bret-

2.10

Algenbildung an einer Nordfassade: Auffällig ist, dass die Algen verstärkt an den unteren Brettkanten auftreten, da hier die Schmutzansammlung am höchsten ist. Je mehr Schmutz dort hängen bleibt, umso höher ist die Feuchtigkeitsansammlung. Die offene Rhombusschalung ist unten scharfkantig, wodurch die Wahrscheinlichkeit hoch ist, dass hier eine Farbablösung stattfindet – das Brett ist hier am längsten feucht.

2.11

Begrünung in unmittelbarer Nähe einer Holzfassade. Durch zu dicht stehende Vegetation erhöht sich die Luftfeuchtigkeit unmittelbar an der Fassade. Da die Begrünung gleichzeitig Windschutz bietet, verhindert sie auch die notwendige Konvektion, um die Fassade zu trocknen.

2.12

Algenbildung an einer vertikal verlegten Nut- und Federschalung. Die Algenbildung im Sockelbereich resultiert aus dem von den Steinplatten hochspritzenden Regenwasser. Die Sockelhöhe ist nicht ausreichend. Ein Kiesbett würde die Spritzwassermenge erheblich reduzieren.

Zulässige Reaktionen des Holzes auf verschiedene Umwelteinflüsse	
Umwelteinfluss	**Reaktion des Holzes**
Sonnenlicht (UV-Strahlung)	Braunfärbung, Harzaustritt
Regen	Vergrauung, Auswaschung von Holzinhaltsstoffen oxidative Verfärbungen (Eisengerbstoffreaktion), z.B. im Bereich von Metallteilen
langjährige Bewitterung	Erosion der Oberflächen
Schmutz und Mikroorganismen	Verschmutzung der Oberfläche Bläue Bewuchs durch Algen, Moose und Flechten
Feuchteschwankungen	Rissbildungen, Quell- und Schwindverformungen Krümmungen und Verdrehungen

Tabelle 2.3: Zulässige Reaktionen des Holzes auf verschiedene Umwelteinflüsse.

2.13
Auslaugungen, Rissbildung und Verfärbungen sind bei Holz typische Veränderungen und können nicht bemängelt werden.

2.14
Austretende Harzgallen bei einer beschichteten Fassade. Insbesondere Fichte und Lärche neigen zum nachträglichen Ausharzen. Eine dunkle Oberflächenbeschichtung sowie hohe Sonneneinstrahlung fördern diesen Prozess.

tern), desto höher sind die Verschmutzung und die Verfärbung durch Staubpartikel. In Kombination mit starker Windbelastung ist auch mit einem mechanischen Abrieb des Holzes und des Beschichtungssystems zu rechnen. Diesen eher langfristig wirkenden Prozess kann man durch kurzes Sandstrahlen simulieren.

Leider gilt auch: je sauberer die Luft ist, desto höher ist die Gefahr der Veralgung einer Fassade. Algen sind ein Indikator für saubere Luft in Verbindung mit feuchten Oberflächen. Die Dauer der Durchfeuchtung hat zwei Ursachen: mangelnder Wetterschutz und häufige Kondensatbildung, beides in Verbindung mit geringer Konvektion durch Wind und seltener bzw. nicht vorhandener Sonneneinstrahlung. Kondensat bildet sich (vor allem nachts) auf der Holzaußenseite aufgrund der geringen Wärmespeicherfähigkeit des Holzes. In Verbindung mit einem hohen Dämmstandard der dahinter liegenden Außenwand fließt kaum Wärme von innen nach außen. Eigentlich könnte man darüber froh sein.

Klima am Haus

Vergleicht man eine Holzfassade mit einer Ziegelfassade, so ergeben sich aufgrund der unterschiedlich hohen Massen (die Ziegelfassade hat eine um den Faktor 12 - 15 höhere Speicherfähigkeit) folgende Effekte: Ziegelfassaden mit ihrer hohen Speichermasse erwärmen sich infolge Sonneneinstrahlung sehr langsam und geben die Wärme in Abhängigkeit zur Außentemperatur auch langsam wieder ab. Holzfassaden erwärmen sich schnell und kühlen ebenso schnell wieder aus. Dadurch ist im Winterhalbjahr die Oberflächentemperatur der Holzfassade sowie – infolge Wärmestrahlung – auch die Lufttemperatur in unmittelbarer Nähe tagsüber höher als bei einer Ziegelfassade. Jeder kennt die Situation an sonnigen Wintertagen vor einer Skihütte mit dunkler Holzfassade. Durch die Sonneneinstrahlung erwärmt sich die dunkle Holzoberfläche, die Strahlungswärme reflektiert, so dass man leicht bekleidet – mit der Strahlungswärme im Rücken – vor der Hütte sitzen kann.

Im Sommer ist es umgekehrt: Ziegelfassaden speichern die eingestrahlte Wärme bis in die Nachtstunden, so dass man auch spätabends noch vor einer Ziegelfassade im Freien sitzen kann, wenn die Luft schon spürbar abgekühlt ist. Im Hochsommer kann der Aufenthalt vor einer dunklen Holzfassade eher unangenehm sein. Die gezielte Gestaltung des Mikroklimas bzw. die Steuerung der Aufenthaltsqualität bzw. –dauer am Haus lässt sich durch die Ausführung von Terrassen (Stein oder Holz) verstärken bzw. kompensieren. Die im Jahresmittel höheren Temperaturen an einer Holzfassade führen noch zu einem weiteren Effekt: Insekten (insbesondere Spinnen) fühlen sich sowohl außen an der Fassade, vor allem aber in der windgeschützten Hinterlüftung recht wohl. Selbst durch das fachgerechte Anbringen von Lüftungsgittern lässt sich dieser Effekt nicht verhindern. Bei offenen Schalungen (siehe Kap.4) siedeln sich aufgrund der höheren Konvektion in der Hinterlüftungsebene weniger Insekten an. Holzzerstörende Insekten wie Hausbock und Holzwurm siedeln sich in der Fassade jedoch nicht an.

2.15
Spinnweben an der Fassade werden erst im Winter so richtig sichtbar.

2.16
Wespen an der Fassade führen nicht zur Zerstörung des Holzes.

Tabelle 2.4
Vergleich der Auswirkungen von Stein- und Holzfassaden auf das Mikroklima am Haus. Durch das Fassadenmaterial ebenso wie durch die Wärmespeicherfähigkeit einer Terrasse kann das Mikroklima am Haus gezielt gestaltet werden.

Fassaden material	Erwärmungsdauer bei Bestrahlung		
	Winter	**Frühjahr/Herbst**	**Sommer**
Steinfassade	geringe Erwärmung, hohe Speichermasse führt nur zu geringer Temperaturerhöhung	lange Aufwärmzeit am Vormittag Strahlungstemperatur unter Lufttemperatur	am Tage und abends angenehm warm
Holzfassade	kurz, hohe Rückstrahlung, daher nach kurzer Aufheizzeit Aufenthalt im Freien möglich	kurze Aufwärmzeit am Vormittag, Strahlungstemperatur häufig höher als Lufttemperatur	am Tage evtl. zu warm, schnelle Auskühlung abends

3 Materialien

Dauerhaftigkeit von Hölzern

Die Vielzahl unterschiedlicher Holzanwendungen macht es erforderlich, die Gefährdung der Hölzer durch Verrotten für verschiedene Einbausituationen zu definieren und für die jeweilige Anwendung bzw. Anforderung die erforderliche Dauerhaftigkeit des Holzes anzugeben. Dabei ist die Dauerhaftigkeit der verschiedenen Hölzer nach DIN EN 350-2 in 5 Klassen eingeteilt (Tabelle 3.1).

Die Lebenserwartung des Holzes kann sowohl durch konstruktiven wie auch durch chemischen Holzschutz verlängert werden. Bei Fassadenhölzern ist ein chemischer Holzschutz praktisch nicht erforderlich, der konstruktive Holzschutz, also der Schutz vor Witterungseinflüssen sowie die Gewährleistung einer vollständigen Austrocknung nach Feuchtigkeitsfällen (Regenwasser bzw. Kondensat) hat oberste Priorität. Trotzdem kann die Beanspruchung in Abhängigkeit von der Umgebungsfeuchtigkeit, der direkten Feuchtigkeitsaufnahme (infolge unterschiedlicher Verlegerichtungen und Oberflächenbeschaffenheit) sowie den in der Umgebung des Holzes vorhandenen Mikroorganismen erheblich abweichen. Nur durch einen vollkommenen Schlagregenschutz können die Verwitterung verhindert und bei beschichteten Fassaden die Wartungsintervalle um den Faktor 2-3 verlängert werden.

Tabelle 3.1

Dauerhaftigkeit von splintfreiem Kernholz gegenüber Pilzbefall. Die Notwendigkeit einer Imprägnierung ist bei Anwendung als Fassadenbekleidung nicht erforderlich.

Dauerhaftigkeit von splintfreiem Kernholz gegenüber Pilzbefall (gem. DIN EN 350 2016-12)

Nr.	Holzart (wissenschaftlicher Name)	Dauerhaftigkeit des Kernholzes gegenüber Pilzbefall [1)]	Anmerkungen
1	Douglasie (Pseudotsuga menziesii)	3 3 - 4	aus Nordamerika kultiviert in Europa
2	Fichte (Picea abies)	4	reagiert träge auf Befeuchtung, BSH vorwiegend aus Fichte
3	Kiefer (Pinus sylvestris)	3 - 4	harzhaltig, bläueanfällig, Splint gut imprägnierbar, imprägniert auch für GK 3 und GK4
4	Lärche (Larix decidua) Sibirische Lärche (Larix sibirica)	3 - 4 3 - 4	harzhaltig, Kernholz ohne Splint auch in GK 3 einsetzbar höhere Dichte und engere Jahresringe als europäische Lärche
5	Tanne (Abies alba)	4	reagiert träge auf Befeuchtung, vereinzelt für BSH, kesseldruckimprägniert auch für GK 3
6	Amerikanische Roteiche (Quercus rubra)	3 - 4	Verwechslungsgefahr mit europäischer Eiche, nicht für Bauteile im Freien geeignet und deshalb bei Angeboten ausschließen, Nachweis: 5% $NaNO_2$ färbt nicht oder nur leicht braun
7	Eiche (Quercus robur und petraea)	2 - 4v	Inhaltsstoffe wirken korrosiv auf Metalle und können Fassaden verschmutzen, bei Angeboten ausdrücklich europäische, gewässerte Eiche fordern (siehe Nr. 6), Nachweis: 5% $NaNO_2$ färbt schwarzbraun
8	Robinie (Robinia pseudoacacia)	1 - 2	in größeren Abmessungen nicht verfügbar, relativ lange Lieferzeiten, Inhaltsstoffe wirken korrosiv auf Metalle und können Fassaden verschmutzen
9	Afzelia	1	Importholz, sehr resistent, daher gut geeignet für Einsatz in Bewitterung
10	Azobé (Bongossi)	1- 2	Importholz, sehr dauerhaft im Wasserkontakt; ein breites Zwischenholz zwischen Kernholz und Splintholz hat eine natürliche Dauerhaftigkeit von nur 3, drehwüchsig
11	Teak	1 - 3v	Importholz, Plantagenholz hat nicht immer die gleiche natürliche Dauerhaftigkeit wie Teakholz aus dem Urwald

[1)] Dauerhaftigkeit des Kernholzes gegen Pilzbefall: 1 = sehr dauerhaft; 2 = dauerhaft; 3 = mäßig dauerhaft; 4 = wenig dauerhaft; 5 = nicht dauerhaft.
Für Splintholz ist die Dauerhaftigkeitsklasse 5 anzusetzen.
v = die Art zeigt ein ungewöhnlich hohes Ausmaß an Variabilität

Gebrauchsklassen

Mit der Einführung der neuen DIN 68800 wurden die bisherigen Gefährdungsklassen durch die Gebrauchsklassen ersetzt. Diese klassifizieren sowohl die Holzfeuchte und die am Bauteil anstehende Luftfeuchtigkeit wie die Befeuchtungslast im alltäglichen Gebrauch. Die letztendliche Zuordnung des Bauteils fällt in den Verantwortungsbereich des Planers, der Anhang D der DIN 68800-1 bietet hierfür eine nützliche Orientierung.

Gebrauchsklassen (GK) gemäß DIN 68800-1: 2019-6		
GK	**Holzfeuchte/Exposition**	**Allgemeine Gebrauchsbedingungen**
0	trocken (ständig ≤ 20%) mittlere relative Luftfeuchte bis 85%	Holz oder Holzprodukt unter Dach, nicht der Bewitterung und keiner Befeuchtung ausgesetzt, Gefahr von Bauschäden durch Insekten kann ausgeschlossen werden
1	trocken (ständig ≤ 20%), mittlere rel. Luftfeuchte bis 85%	Holz oder Holzprodukt unter Dach, nicht der Bewitterung und keiner Befeuchtung ausgesetzt
2	gelegentlich feucht (> 20%), mittlere rel. Luftfeuchte bis 85% o. zeitw. Befeuchtung d.Kondensation	Holz oder Holzprodukt unter Dach, nicht der Bewitterung ausgesetzt, eine hohe Umgebungsfeuchte kann zu gelegentlicher, aber nicht dauernder Befeuchtung führen
3.1	gelegentlich feucht (> 20%) Anreicherung von Wasser im Holz, auch räumlich begrenzt, nicht zu erwarten	Holz oder Holzprodukt nicht unter Dach, mit Bewitterung aber ohne ständigen Erd- und Wasserkontakt Anreicherung von Wasser im Holz, auch räumlich begrenzt, ist aufgrund rascher Rücktrocknung nicht zu erwarten
3.2	häufig feucht (>20%) Anreicherung von Wasser im Holz, auch räumlich begrenzt, zu erwarten	Holz oder Holzprodukt nicht unter Dach, mit Bewitterung, aber ohne ständigen Erd- und Wasserkontakt, Anreicherung von Wasser im Holz, auch räumlich begrenzt, ist zu erwarten
4	vorwiegend bis ständig feucht (> 20%)	Holz oder Holzprodukt in Kontakt mit Erde oder Süßwasser und so bei mäßiger bis starker Beanspruchung vorwiegend bis ständig einer Befeuchtung ausgesetzt
5	ständig feucht (>20%)	Holz oder Holzprodukt ständig Meerwasser ausgesetzt

Tabelle 3.2
Gebrauchsklassen (GK) gem. DIN 68800-1: 2019-6 Holzfassaden werden in der Regel der GK 3.1, Unterkonstruktionen von Außenwandbekleidungen der GK 0 zugeordnet.

3.1 Holzarten, Qualitäten, Profile

Holzarten

Für Holzfassaden eignen sich zahlreiche heimische Nadelholzarten, aber auch verschiedene Laubhölzer kommen grundsätzlich in Betracht.

Bei der Mehrzahl heutiger Holzfassaden kommen heimische Nadelholzarten zum Einsatz: Fichte, Tanne, Lärche und Douglasie. Sibirische Lärche und nordamerikanische Red Cedar sind sehr robust, aber aus verschiedenen Gründen fragwürdig. Die Laubholzarten Eiche und Robinie werden in den letzten Jahren etwas häufiger verwendet, Kastanie eher selten.

Im Folgenden werden die gängigsten Holzarten für Fassaden stichwortartig beschrieben. (Quelle: www.holz-technik.de; hier sind sehr ausführliche Beschreibungen zu finden).

Fichte

Keine Kernfärbung, Spätholz ist rötlich gelb, Frühholz heller gelblich, später gelblich-braun. Häufig von Harzkanälen durchzogen, schwindet bei der Trocknung mäßig, hat wenig Neigung zum Reißen und Werfen. Sie hat gute Festigkeitseigenschaften und gutes Stehvermögen. Leicht zu sägen, hobeln, fräsen, bohren, schleifen, messern und schälen. Fichte ist leicht zu nageln und zu schrauben und ist spaltbar. Gut zu beizen, zu lasieren und zu streichen, jedoch schlecht druckimprägnierbar. Mäßig witterungsfest. Wenig dauerhaft gegen Pilz- und Insektenbefall. Fichte hat sich in der Praxis besser bewährt, als sie in der Norm klassifiziert wird.

Tanne

Splint und Kernholz sind nicht scharf getrennt, sie sind weißlich mit gelblichem oder rötlichem Schimmer. Das Spätholz ist scharf abgegrenzt. Das Holz ist grobfaserig und geradewüchsig, die Zeichnung ist mittelfein und gleichmäßig. Tannenholz schwindet wenig, es lässt sich gut und schnell trocknen, wobei nur eine geringe Gefahr des Reißens und Werfens besteht. Tanne ist harzfrei, leicht zu bearbeiten

3.1
Deutsches Auswandererhaus Bremerhaven. Mit 907 m² unbehandelter Lärchenholzfassade eine der größten Holzfassaden Deutschlands.

(aber: leichtes Einreißen beim Hobeln), gut zu messern, zu schälen und zu spalten, sie ist nicht witterungsfest und wenig dauerhaft gegen Pilz- und Insektenbefall.

Kiefer
Das Kernholz ist rötlichgelb und dunkelt braunrot nach, der Splint ist weißgelblich bis rötlichweiss gefärbt. Spätholz ist dunkler und einseitig scharf begrenzt. Kiefer weist Harzkanäle auf, schwindet bei der Trocknung mäßig, es besteht jedoch die Gefahr von Bläuebefall. Das Holz ist leicht zu bearbeiten, gut zu sägen, zu hobeln, zu fräsen und zu bohren. Man kann es messern und schälen. Mäßig witterungsfest, starke schnelle Wasseraufnahme, Splintholz wenig dauerhaft gegen Pilz- und Insektenbefall. Die Verwendung von unbehandelter Kiefer hat sich in der Praxis nicht bewährt.

3.2
Obwohl Tanne und Fichte in Deutschland als *wenig dauerhaft* qualifiziert sind, werden diese in den Alpenländern sehr häufig unbehandelt für Fassaden eingesetzt.

Lärche
Das Kernholz ist rötlichbraun und dunkelt nach, der Splint eher gelblich und für die Außenanwendung ungeeignet. Das Spätholz ist dunkler, mäßig breit und beidseitig scharf begrenzt, Harzkanäle treten häufiger auf als bei Fichte. Das Holz schwindet bei Trocknung nur mäßig und hat nur eine geringe Neigung zum Reißen und Werfen. Lärche verfügt über ein gutes Stehvermögen und ist relativ säurefest, gut zu bearbeiten, gut zu sägen, zu fräsen, zu hobeln, zu bohren und zu schleifen. Das Holz ist messer- und schälbar, aber spaltgefährdet. Schrauben sollten vorgebohrt werden. Mäßig witterungsfest und wenig anfällig für Pilz- und Insektenbefall ist es das Standardholz für unbehandelte Fassaden.

Sibirische Lärche
Sibirische Lärche ist feinjähriger gewachsen als mitteleuropäische Lärche und somit witterungsresistenter. Lebhafte Struktur mit großen Ästen, Splint ist gelblich, Kernholz rötlich braun. Im Außenbereich vergraut unbehandelte oder farblos behandelte Lärche schnell. Typische Eigenschaften: es neigt zur Rissbildung, zu Verzug und Harzaustritt, die auch nach der Verlegung auftreten. Den etwas besseren Holzeigenschaften gegenüber einheimischer Lärche steht der verantwortungslose Raubbau, der hohe Transportaufwand und die augenblicklich sehr angespannte politische Situation entgegen, sodass eine Verwendung momentan ausgeschlossen werden sollte.

Douglasie

Das Kernholz ist gelblichbraun bis rotbraun und dunkelt langsam nach. Der Splint ist schmal und fast weiß bis gelblichgrau, Splintholz sollte nicht an der Fassade verwendet werden. Das Spätholz ist dunkler und beidseitig scharf begrenzt, Harzkanäle sind deutlich ausgeprägt. Bei Trocknung mäßig schwindend, gutes Stehvermögen, geringes Reißen und Werfen. Die europäische Douglasie ist als weitringiges Holz schlechter zu bearbeiten und ist relativ säurefest. Das Holz ist harzhaltig, ein Harzaustritt ist möglich. Mäßig witterungsfest, Kernholz ist nahezu Pilz- und Insektenfest, Splint mäßig beständig gegen Pilzbefall. Ähnlich spaltgefährdet wie Lärche, Befestigung möglichst mitttels vorgebohrter V2A-Schrauben.

Robinie

Die Robinie wurde im Jahr 2020 zum Baum des Jahres gekürt, als Lebensraum für Insekten und Bienen. Robinienholz besitzt höchste natürliche Dauerhaftigkeit europäischer Holzarten. Das Kernholz ist oliv- bis gelbgoldbraun und ist durch die Frühholz-Porenringe in allen Schnittrichtungen auffällig strukturiert. Robinie wächst schnell, ist sehr hart und schwer, gerbstoffreich und resistent gegen Pilze und Insekten, hohes Stehvermögen und Kantenfestigkeit

In Verbindung mit Feuchtigkeit und Eisen treten Verfärbungen auf, Fassaden können nur mit vorgebohrten V4A-Verschraubungen montiert werden. Robinie lässt sich aufgrund des Wuchses als Fassade nur mit keilgezinkten Brettern ausführen, wodurch bis zur endgültigen Vergrauung ein etwas unruhiges Bild entstehen kann.

Europäische Eiche

Das Kernholz ist hell lederbraun, Splint ist gelblichweiss bis hellgrau. Eiche verfügt über grobe Poren und scharf abgrenzende Jahrringe. Das harte Holz ist dichtfaserig, mäßig fest, leicht zu spalten und zu bearbeiten. Die Trocknung ist zeitaufwändig, mangelnde Sorgfalt kann auch zu Verformungen, Rissen und Verfärbungen führen. Eiche ist reich an Gerbsäure, dadurch kann Metall in Verbindung mit feuchtem Holz Flecken hervorrufen. Gutes Stehvermögen, witterungsfest und dauerhaft beständig gegen Pilz- und Insektenbefall. Da der Anteil der natürlichen Toxine im Kernholz (Verhinderung von Pilz- und Insektenwachstum) aber nachgelassen hat, fällt die Dauerhaftigkeit (siehe Tab.3.1) auch sehr unterschiedlich aus.

3.3
Robinie besticht durch ihre Dauerhaftigkeit und ihren kräftigen eleganten Farbton. Die Keilzinkung erfolgt wuchsabhängig in Abständen von 60-90 cm.

3.4 (*Mitte*) und 3.5 (*unten*)
Eichenfassade am Kunstmuseum Ahrenshoop (Darß). Deutlich sichtbar sind die Spuren der ausgewaschenen Gerbsäure auf dem Betonsockel.

Modifizierte Hölzer

Ziel der Holzmodifikationen, für die in den letzten 20 Jahren große technologische Anstrengungen unternommen worden sind, ist die Erhöhung der Dauerhaftigkeit und Maßhaltigkeit durch eine chemische, thermische oder mechanische Behandlung der Zellstruktur. Es gibt hierfür 3 wesentliche Gründe:

- Substitution von widerstandsfähigen Tropenhölzern,
- Vermeidung von chemischen Holzschutzmitteln,
- die abnehmende Bereitschaft des Endkunden, sich mit den natürlichen Eigenschaften des Holzes abzufinden.

Beim *Thermoholz* (thermic modified timber) handelt es sich um ein in Finnland entwickeltes Verfahren, bei dem durch hohe Temperaturen (170 bis 250°C) ohne Zusatz weiterer Substanzen die Struktur der Zellwände chemisch verändert wird. Dabei werden kurzkettige Zuckerbausteine (sog. Hemicellulosen) abgebaut. Durch die verringerte Wasseraufnahmefähigkeit verschlechtern sich die Wachstumsbedingungen für Pilze; gleichzeitig wird die Dauerhaftigkeitsklasse erhöht (Fichte erreicht Klasse 2, Buche sogar Klasse 1) und die Ausgleichsfeuchte reduziert, so dass auch die Quell- und Schwindmassen je nach Holzart und –Behandlungsstufe um bis zu 70% zurückgehen. Der Farbton des Holzes verändert sich durchgängig infolge der thermischen Behandlung, die Farbtöne lassen sich variieren, insgesamt wird das Holz dunkler, vergraut aber auch unter UV-Einfluss. Die Biegefestigkeit und Tragfähigkeit nehmen ab. Für die Nutzung als Konstruktionsholz gibt es noch keine Zulassung. Grundsätzlich eignen sich alle Holzarten für die Thermische Modifizierung.

Bei der *Acetylierung* wird eine chemische Reaktion zwischen den Hydroxyl-Gruppen des Holzes und Essigsäureanhydrid herbeigeführt. Acetylgruppen werden an die Stelle der Hydroxyl-Gruppen der Holzsub-

Exkurs: Begriffe

Bekleidung
Bretter und Holzwerkstoffplatten, die vorwiegend an Wänden und Decken mit oder ohne Unterkonstruktion befestigt sind. Sie werden weder als mittragende noch als aussteifende Bestandteile betrachtet.

Beplankung
Bretter und Holzwerkstoffplatten, die ein- oder beidseitig mit einer Rippenkonstruktion (Rähm, Schwelle und Ständer) zu Holztafeln verbunden werden.

diffusionsoffene Schicht
Schichten aus Holzwerkstoffen oder Bahnen (Folien) mit einem s_d-Wert ≤ 0,3 m

Fassadenbahn
diffusionsoffene Bahn mit einem s_d-Wert ≤ 0,3 m; bei offenen Schalungen bzw. bei Holzwerkstoffplatten mit offenen Fugen ist eine dauerhafte UV-Beständigkeit zu gewährleisten.

Fugen Bereich zwischen zwei gestoßenen Bauteilen.

gefaste Profilbretter (Fasebretter)
gehobelte Bretter mit Nut und angehobelter Feder. Die sichtbaren Kanten sind unter 45° angefast.

Stülpschalungsbretter
sägeraue oder gehobelte Bretter, die für eine waagerechte, schuppenartige Bekleidung verwendet werden. Eine Fälzung ist möglich.

Stülpschalungsbretter konisch
Bretter mit Nut und angehobelter Feder bzw. Falz mit ebener Sichtfläche und sich von unten nach oben verjüngendem Querschnitt.

gespundete Bretter
sägeraue oder gehobelte Bretter mit Nut und angehobelter Feder.

Profilbretter mit Schattennut
gehobelte Bretter mit Nut und angehobelter Feder, die auf der Sichtseite gefaste Kanten und einen breiten Grund an der Federseite (Schattennut) haben.

Offene Bekleidung
Leisten oder Bretter, die mit Fuge angeordnet werden.

Unterkonstruktion
Die Unterkonstruktion besteht aus der Grundlattung und eventuell einer Traglattung

Verankerungsmittel
Verankerungsmittel dienen der mechanischen Verankerung der Grundlattung an der Außenwand

Grundlattung
Latten werden in regelmäßigem Abstand auf der Tragkonstruktion (Außenwand) verankert. Auf der Grundlattung werden die Traglatten befestigt.

Traglattung Lattung, auf der die Bekleidung befestigt wird.

Befestigungsmittel
Befestigungsmittel dienen der mechanischen Befestigung der Bekleidungselemente auf der Traglattung.

Nichtrostender Stahl nach DIN EN 10088-1
im Sinne dieser Fachregeln Produkte der Werkstoffgruppe 1.4302

Kleintierschutz Vorrichtungen zum Abhalten von Mäusen o.ä

stanz gebunden und Essigsäure abgespalten. Acetylierte Hölzer werden unter dem Markennamen Accoya® vertrieben. Sie erfüllen die Ansprüche an die Dauerhaftigkeitsklasse 1, sie sind fester und formstabiler als unbehandeltes Holz und werden überwiegend als Terrassendielen verbaut.

Eine *Hydrophobierung*, entspricht einer Vakuumimprägnierung mit pflanzlichen Ölen oder technischen Wachsen, ohne dass eine Veränderung in der Struktur der Zellwand bzw. ihrer chemischen Zusammensetzung vorgenommen wird. Allerdings gewährleistet nur die Wachsimprägnierung einen dauerhaften Schutz gegen holzabbauende Pilze. Die Ausgleichsfeuchte wird dabei auf ca. 6% reduziert, Rohdichte und Druckfestigkeit um ca. 30% erhöht. So erreicht eine hydrophobierte Kiefer die Dauerhaftigkeit von Eichenkernholz.

Furfurylieren nennt man ein in Norwegen entwickeltes und patentiertes Verfahren, bei dem Nadelholz mit Furfuryalkohol (hergestellt aus Bagasse, einem Abfallprodukt der Zuckerrohrverarbeitung); Wasser und Katalysatoren getränkt wird. Beim Erhitzen über 100°C und anschließendem Trocknen vergrößern sich infolge des Polymereinschlusses die Zellwände des getränkten Holzes um bis zu 50%. Das unter dem Markennamen Kebony® vermarktete Produkt wird durch diesen Prozess resistenter gegen Fäulnis, Pilzbefall und Feuchtigkeit, die Elastizität und Härte werden höher. Dafür verringern sich Abrieb- und Biegefestigkeit, was bei einer Fassade zu jedoch zu vernachlässigen ist. Der Hersteller gibt bis zu 30 Jahre Garantie.

Je nach Zusammensetzung der Furfurylierungsmischung lässt sich das Holz mit einer kräftigen Braun- bis Schwarzfärbung versehen.

3.6
1800 m² große Kebony®-Holzfassade am Depot des deutschen Schifffahrtsmuseums in Bremerhaven, zum Einsatz kamen Kebony Dielen mit drei unterschiedlichen Breiten.

Tabelle 3.3: Veränderung der Holzeigenschaften durch verschiedene biozidfreie Vergütungsarten. (Quellen: Rapp, Sailer und Peek, 2000 und eigene Recherche)

Eigenschaften	**Vergütungsart**				
	Hitze	Öl-Imprägn.	Melamin	Acetylierung	Furfurylierung
Schutz vor Fäulnis	+	+	++*	++*	++
Schutz vor Verfärbung	o	–	(+)	(+)	
Stehvermögen (Dimensionsstabilität)	++	++	+	++	++
Härte	o	o	++*	o	+
Steifigkeit (E-Modul)	o	o	+	o	o
Bruchschlagarbeit	–	o	o	o	–
Verleimbarkeit	o	–	o	o	o
Lackhaftung	o	o	o	o	o
Korrosion von Metallen	o	+	o	–	o

++ sehr starke Verbesserung; ++* sehr starke Verbesserung bei hohen Harzbeladungs- bzw. Acetylierungsgraden + deutliche Verbesserung; (+) deutliche, jedoch zeitlich begrenzte Verbesserung; o keine Verbesserung, – Verschlechterung der Holzeigenschaften

3.7
Reduzierte Feuchtigkeitsaufnahme bei Thermoholz infolge Veränderung der Zellstruktur. Die Oberfläche wird durch die starke Erhitzung wesentlich dunkler.
Quelle: Institut für Holztechnologie, Dresden

3.8
Offene Thermoholzfassade des finnischen EXPO-Pavillons im Detail. Durch die thermische Behandlung erhält das Holz einen intensiveren Braunton, der auch nach Jahren intensiver Regen- und UV-Belastung durchschimmert.

Bei allen Vergütungsverfahren wird das Holz chemisch und physikalisch verändert, aber es werden keine Biozide zugeführt, so dass selbst eine spätere Verbrennung möglich ist.

In Tabelle 3.3 sind die wesentlichen Veränderungen der Holzeigenschaften bei verschiedenen Verfahren zusammengestellt. Für thermisch modifiziertes Holz gibt es mittlerweile eine europäische technische Spezifikation (CEN/TS 15679), in der neben Behandlungsstufe, Feuchte und Risse auch Holzart, Nutzungsklasse und Verwendungsbereich und der Name des Herstellers deklariert werden müssen.

Modifizierte Hölzer werden überwiegend für Terrassenbeläge, Fassaden und Fensterbau verwendet, sind insgesamt formstabiler, vergrauen gleichmäßiger als natürliche Hölzer und sind aufgrund ihrer begrenzten Wasseraufnahme weitgehend resistent gegen Pilzbefall und Rissbildung. Für den Bau von Fassaden sind diese fast überqualifiziert und gegenüber Lärche etwa doppelt so teuer.

Modifizierte Hölzer haben in den letzten Jahren ihren Marktanteil kontinuierlich erhöht und stellen bei Fassaden, Terrassen und Fenstern längst eine ökologische und wirtschaftliche Alternative zu Tropenhölzern dar.

3.9
Finnischer Pavillon auf der EXPO 2000 in Hannover. Älteste großflächige Thermoholzfassade in Deutschland.

Adressen
www.accoya.com
haeussermann.de
www.hoka-germany.com
www. kebony.com
lunawood.com
platowood.de
www.thermoholz-deutschland.de
www.thermory.com
www.swero.de

Herkunft des Holzes

Die gängigen fassadengeeigneten Holzarten wie Fichte, Kiefer, Lärche sind in Mitteleuropa ausreichend verfügbar. Die Waldbewirtschaftung wird hier durchweg verantwortlich und weitblickend betrieben. Bei Importen aus Osteuropa, Südamerika und Asien sind Zweifel angebracht, ob diese aus einer nachhaltigen Waldwirtschaft entstammen. Es empfiehlt sich daher, bei exotischen Holzarten auf eine glaubwürdige Zertifizierung, z.B. das FSC-Label (Abb. 3.10), zu achten.

Qualität des Holzes

Bei jeder Holzart gibt es sehr unterschiedliche Qualitäten, im wesentlichen bedingt durch die regionalen Wachstums- und Klimabedingungen, die innerhalb Europas ganz erheblich sein können. Wichtigste Kennzeichen sind die Anzahl und die Breite der Jahresringe. Je dichter die Jahresringe beieinander liegen, desto widerstandsfähiger ist das Holz.

Nach den Fachregeln ist für Außenwandbekleidungen aus Vollholz mindestens Holz der Güteklasse II nach DIN 68365 zu verwenden. Güteklasse I wird jedoch empfohlen, da die geringen Kosteneinsparungen eventuelle Einbußen optischer oder qualitativer Art nicht rechtfertigen.

Durch das Aufschneiden des Holzstammes entstehen je nach Lage im Stamm verschiedene Arten von Brettern, die sich durch die Lage der Jahresringe im Brett unterscheiden und in Abb. 3.13 benannt sind.

Für Fassaden sollten möglichst Rift- bzw. Halbriftbretter verwendet werden. Bei Rift-Brettern laufen die Jahrringe senkrecht zur Ansichtsfläche, bei Halbrift-Brettern darf die Neigung der Jahrringe nicht mehr als 45° betragen. Bei Seiten- bzw. Fladerbrettern kommt es zu Verformungen und Rissbildungen.

Wenn Seitenbretter verwendet werden (was in der Regel nicht zu verhindern ist), dann sollte die *linke* Seite (d.h. die von der Stammmitte abgewandte Seite) nach außen gerichtet sein, da diese weniger rissanfällig ist, das Brett schüsselt sich aber.

Bei Bewitterung der rechten Außenseite können unbehandelte ebenso wie beschichtete Bretter durch Spaltung des Früh- und Spätholzes beschädigt werden, während die linke Holzseite in der Regel rissfrei bleibt. Letztlich ist es der abwägenden Erfahrung des Verarbeiters überlassen, je nach Oberflächengüte, Verformungen, Markröhren, dunklen Äste usw. zu entscheiden, welche Brettseite nach außen genommen wird.

Das Langzeitverhalten einer Holzfassade ist neben den klimatischen Bedingungen und der Holzart auch sehr stark von der Qualität der Bretter abhängig. Es empfiehlt sich von daher, sich beim Holzhandel direkt ein Bild der gewünschten Bretter zu machen, bzw. bei Lieferung diese soweit es möglich ist zu prüfen und direkt zu reklamieren. Die Tabelle 3.4 bietet die Prüfkriterien und die Qualitätsmaßstäbe für eine Vorortbeurteilung.

3.10 *rechts*
Das FSC-Siegel erhalten Hölzer und Holzprodukte aus FSC- zertifizierten Wäldern. Die Verarbeitungs- und Handelskette vom Wald bis zum Großhändler wird lückenlos zertifiziert und für den Endverbraucher transparent dokumentiert. Internet: www.fsc-deutschland.de

FSC-zertifiziertes Holz

Der **F**orest **S**tewardship **C**ouncil ist eine seit 1993 international tätige, gemeinnützige Organisation mit Sitz in Bonn und nationalen Arbeitsgruppen in 43 Ländern. Er wird von Umweltorganisationen (WWF, Greenpeace, NABU, Robin Wood, u.a.), Sozialverbänden (IG BAU, IG Metall, u.a.) sowie zahlreichen Unternehmen gefördert.

Der FSC hat zehn verbindliche Prinzipien und 56 Kriterien für eine nachhaltige Forstwirtschaft festgelegt. Durch eine Bewirtschaftung von Wald unter diesen Rahmenbedingungen sollen eine unkontrollierte Abholzung, die Verletzung von Menschenrechten und eine Belastung der Umwelt verhindert werden.

In Ländern mit nationalen FSC-Arbeitsgruppen werden diese Regelungen an nationale Gegebenheiten angepasst, wie z.B. klimatische und geologische Rahmenbedingungen oder nationale Gesetze. Seit der Gründung wurden bereits über 150 Millionen Hektar weltweit nach den Regeln des FSC von unabhängigen Fachleuten zertifiziert.

Holz aus FSC-zertifizierten Wäldern wird mit dem FSC-Siegel ausgezeichnet und unter diesem Label vermarktet. Nahezu jedes Holzprodukt ist heute mit einem FSC-Label erhältlich.

Merkmale	Beschichtete Bretter	Unbehandelte Bretter
Breite	senkrechte Schalungen bis 200 mm,	waagerechte bis 150 mm
Dicke	15 - 25 mm	15 - 25 mm
Kantenradius	mindestens 2,5 mm bzw. gefaste Kante	
Ausbildung Jahrringlage	Rift/Halbrift-Bretter oder schmale Bretter aus kleinen Stämmen	
Außenseite	qualitativ beste Seite bevorzugen z.B. markzugewandte Seite[1)]	
Holzfeuchte	12% - 16%	12% - 16%
Astgröße	1/4 der Brettbreite	1/4 der Brettbreite
Eingewachsene, lose und ausgefallene Äste	nicht zulässig	nicht zulässig
Rindeneinwuchs	nicht zulässig	nicht zulässig
Ausbesserungen (Dübel)	bedingt zulässig	nicht zulässig
Harzgallen	bedingt zulässig	kleine Harzgallen zulässig
Risse in der Fläche	nicht zulässig	oberflächliche Risse zulässig
Mark	nicht zulässig	nicht zulässig
Buchs (rotbraun verfärbte Holzstruktur)	bis 20% des Querschnittes bzw. der Oberfläche zulässig	
Pilz- und Insektenbefall	nicht zulässig	nicht zulässig

Tabelle 3.4

Qualitätsanforderungen an beschichtete und unbehandelte Bretter für den Fassadenbau.

[1)] speziell für Profilbretter mit liegenden Jahresringen. Quelle [3]

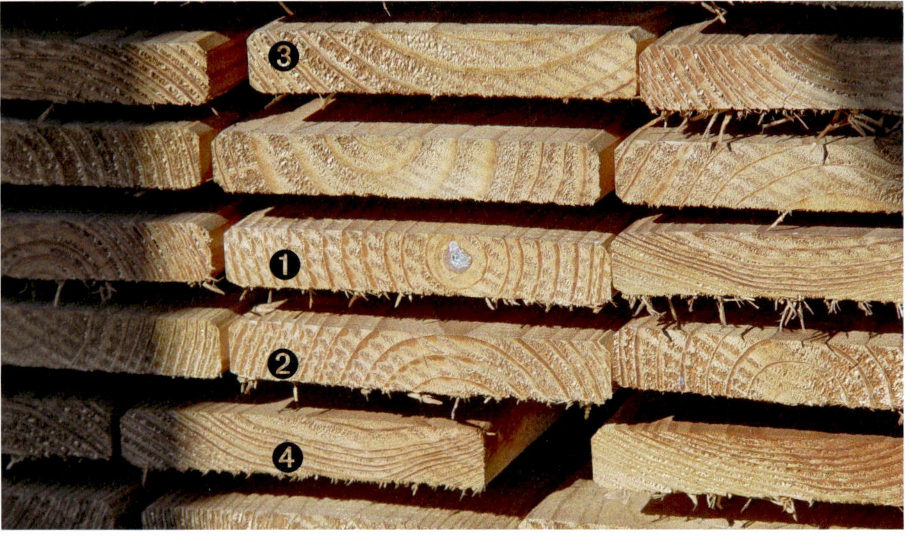

3.11

Lärchenholz-Glattkantbretter im Stapel. Deutlich sind die unterschiedlichen Anschnittarten zu erkennen 1 Markbrett , 2 Riftbrett, 3 Halbriftbrett, 4 Seitenbrett.

Feuchtigkeit

Die Einbaufeuchte der Bretter ist entscheidend für

- das Schwindverhalten und die daraus entstehende Rissbildung,
- die Anfälligkeit gegen Pilze und Algen,
- die Dauerhaftigkeit eines Anstriches.

Für profilierte Bretter und solche, die später beschichtet werden, sollte eine Einbaufeuchte von 15 ± 3% eingehalten werden, unbehandelte Glattkantbretter dürfen mit einer Holzfeuchte von max. 20% eingebaut werden. Baumkanten sind nicht zulässig.

Brettbreiten/-Stärken

Für Holzverschalungen werden heute Bretter mit Breiten zwischen 40 und 200 mm verwendet. Schmalere Leisten ermöglichen keinen ausreichenden Abstand der Verbindungsmittel zum Rand, breitere Bretter neigen aufgrund höherer Schwind- und Quellbewegungen eher zu Rissbildung und Verwerfungen.

Ein Fassadenbrett sollte mindestens 18 mm dick sein, größere Stärken bieten sich bei schmalen Rhombusleisten an. Um Verformungen zu reduzieren, soll die Breite von Glattkantbrettern maximal das 11-fache der Brettdicke betragen, bei Profilbrettern maximal das 7-fache bei einer Maximalbreite von 160 mm.

Brettlängen

Die üblichen Brettlängen bewegen sich im Bereich von 3 - 6 m. Je länger die Bretter sind, desto weniger Stöße sind notwendig. Kurze Bretter sind praktischer zu verarbeiten (auch alleine). Allerdings können sich längere Bretter, wenn diese vor dem Verbauen in der Sonne liegen (z.B. bei der harzreichen Lärche) schnell krumm werden, so dass sie sich kaum mehr verarbeiten lassen. Keilgezinkte Bretter (PUR-Verleimung) sind teilweise formstabiler, die Verleimungen haben sich als sehr dauerhaft bewährt.

Brettprofile

Mit den heutigen *Vierseiten-Hobelmaschinen* lassen sich nahezu alle denkbaren Brettprofile in einem Arbeitsgang herstellen. In Abb. 3.13 sind marktgängige und bewährte Profile dargestellt.

Infolge von Sonneneinstrahlung und Bewitterung können Schwind- und Quellverformungen auftreten. Die Feder ist bei Profilbrettern und konischen Stülpschalungsbrettern mit einer Breite von mindestens 8 mm, mindestens aber mit 7% der Brettbreite auszuführen.

3.12 *rechts oben*
Bei breiteren und dickeren Brettern empfehlen sich rückseitige Entlastungsnuten. Diese reduzieren die Verformungen der Bretter.

Maximalbreiten von Glattkant- und Profilbrettern

Brettdicke d (mm)	**Glattkantbretter** $b_{max} \leq 11$ d (mm)	**Profilbretter** $b_{max} \leq 7$ d (mm)
18	200	120
20	220	140
22	240	150
24	260	160

Tabelle 3.5
Maximalbreiten von Glattkant- und Profilbrettern in Abhängigkeit der Brettdicken. Quelle [1]

3.13 *(unten):* Handelsübliche Brettprofile.

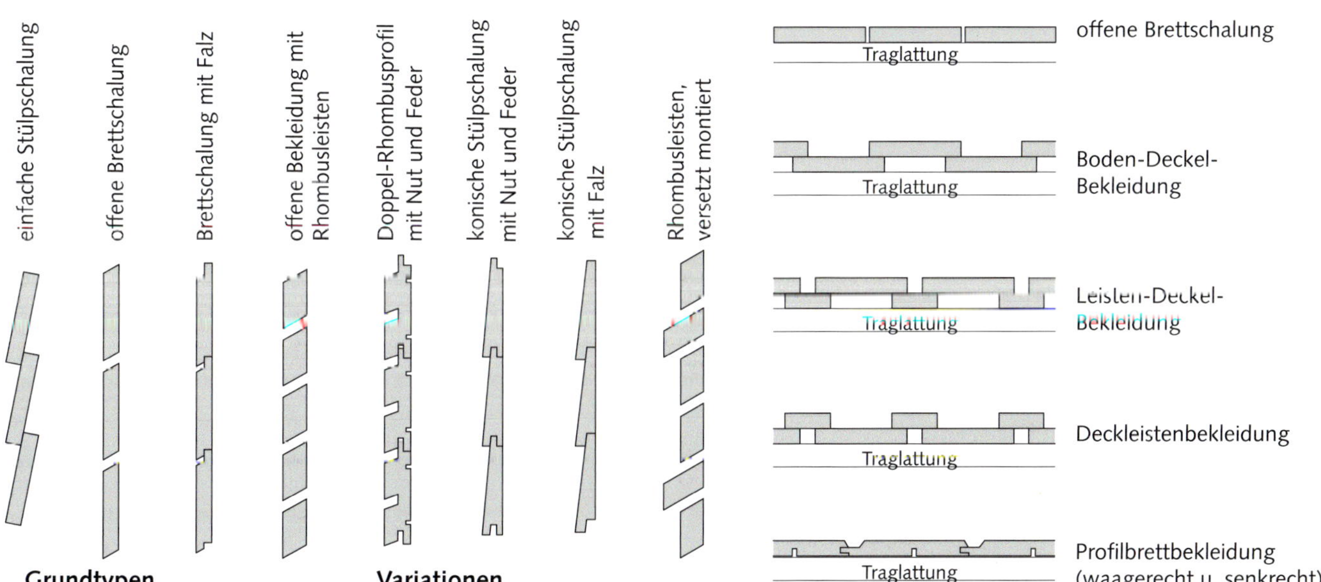

3.14
Handgenagelte, überfälzte, sägeraue Schalung mit sorgfältigem Nagelbild.

3.15
Offene Rhombusschalung, Nägel geschossen: Auch wenn diese Befestigungsart zeitsparend sein mag, so wird in der Regel die Oberfläche des Holzes beschädigt, da die Kompressions-Nagelgeräte nicht auf die unterschiedlichen Härten innerhalb einer Holzart reagieren. Unruhiges Nagelbild.

3.2 Befestigungen von Holzfassaden

Die Wahl der Befestigungsmittel wird von verschiedenen technischen, optischen und ökonomischen Faktoren bestimmt:

- Soll die Fassade später ganz oder teilweise demontiert werden?
- Sollen die Befestigungsmittel optisch in Erscheinung treten (bewusst sichtbar oder unauffällig)?
- Welches Handwerkszeug ist vorhanden (Hammer, Schrauber, Klammerschussgerät)?
- Welcher Zeitaufwand ist notwendig?

Sichtbare Befestigungen

Traditionell werden Holzfassaden genagelt – eine einfache und schnelle Technik. Die Einschlagtiefe in der Traglattung soll mindestens 35 mm betragen und die Nagelköpfe sollten bündig mit der Brettoberfläche abschließen. Die zeitgemäße Variante dieser Technik stellt das Klammern dar, dabei werden u-förmige Drahtklammern aus Edelstahl mit einem pneumatischen oder Akku-betriebenen Nagelgerät durch das Holz geschossen. Aufgrund des geringeren Durchmessers der Klammern ist die Gefahr des Spaltens der Bretter wesentlich geringer als beim Nageln, bei gleichzeitig minimiertem Zeitaufwand. Die Oberfläche der Klammern sollte beschichtet und beharzt sein, wodurch der Widerstand gegen Herausziehen erhöht wird. Für sichtbare Befestigungen ist das Klammern jedoch nicht zu empfehlen, da trotz Einschlagtiefenbegrenzer der Druckluftgeräte Quetschungen im Bereich der Holzoberfläche unvermeidbar sind.

In den letzten Jahren hat sich die sichtbar geschraubte Befestigung der Bretter durchgesetzt. Sie ist sowohl am auffälligsten (sichtbare Schraubenköpfe) wie auch am aufwändigsten (Verhinderung des Spaltens). Eine geschaubte Fassade ist jederzeit in Teilen oder komplett demontierbar, ohne dass die Bretter beschädigt werden, auch die Schrauben können wiederverwendet werden.

Geschraubte Bretter müssen vorgebohrt und mit einem auf dem Bohrer montierten Senker angesenkt werden. Es ist somit ein zweiter Arbeitsgang notwendig, der den Zeitaufwand um etwa 6 – 10 Min./m² Fassadenfläche erhöht (bei größeren zusammenhängenden Flächen). Zur Spaltbildung neigende Hölzer wie Lärche sollten in jedem Fall vorgebohrt werden bzw. es sollten selbstbohrende Schrauben verwendet werden, die das Vorbohren ersparen. Trotzdem ist das separat vorgebohrte Brett (Bohrloch 1 mm größer als der Schraubendurchmesser), in dem sich die Schraube spannungsfrei bewegen kann, der Befestigung mit selbstbohrenden und -versenkenden Schrauben vorzuziehen.

Es sollten für die Verschraubung ausschließlich Edelstahlschrauben verwendet werden. Bei galvanisch verzinkten Schrauben wird die Zinkschicht durch das schnelle maschinelle Einschrauben bereits beim ersten Schraubvorgang abgerieben, so dass ein Rostschutz faktisch nicht mehr vorhanden ist. Beim Durchdrehen der Schraubspitze (z.B. beim Kreuzschlitzantrieb infolge zu geringen Anpressdrucks oder nicht axialer Schrauberhaltung) wird auch die Beschichtung im Bereich des Kopfes beschädigt. Insbesondere bei unbehandelten Fassaden zeichnen sich bald *Rostfahnen* ab (siehe Abb.3.19).

Ein Torx-Antrieb sollte den herkömmlichen Kreuzschlitzschrauben unbedingt vorgezogen werden, da mit weniger Kraft geschraubt werden kann und auch bei nicht axialer Schrauberhaltung das Durchdrehen der Schraubspitze (sogenannte Bit) vermieden wird. Trifft man bei der Unterkonstruktion auf einen Ast oder auf Stellen, an denen es nicht möglich ist, den Schauber axial zu halten, kann man einen Kreuzschlitzantrieb relativ leicht überdrehen. Edelstahlschrauben sind weicher, es besteht bei zu hohen Drehmomenten die Gefahr, dass die Köpfe abdrehen.

Jedes Brett ist separat zu befestigen, damit sich die einzelnen Bretter einer Fassade unabhängig voneinander verformen können. Bei Stülp- und Boden-Deckel-Schalungen ist eine Durchführung von Befestigungsmitteln durch sich überlappende Bretter zu vermeiden. Eine Rissbildung wird somit vermieden (siehe Abb. 3.18 / 3.20). Bei Deckbrettern von Boden-Deckel-Schalungen bzw. bei Brettern von Rhombus-

Adressen

www.ABC-Spax.de
www.heco-schrauben.de
www.bti.de

3.16
Genagelte Fassade mit galvanisch verzinkten Rundkopfnägeln. Bei Ästen in der Nähe der Brettenden ist die Gefahr des Spaltens besonders hoch.

3.17
Selbstschneidende Edelstahl-Holzschraube. Die sogenannte CUT-Spitze bohrt das Brett vor, ein spezielles Gewinde-Wellenprofil verhindert das Reißen des Holzes. Im Bereich des Schraubenschaftes kann sich das Brett bewegen und der Senkkopf verfügt über Fräsrippen, so dass sich der Schaubkopf selbst versenkt.
Quelle: ABC-Spax.de

3.18 *links*
Selbstbohrende Schraube mit Drillschaft und Fräskopf. Der Drillschaft säubert das Bohrloch, das Brett kann sich somit im oberen Teil frei bewegen, der Fräskopf verhindert das Spalten beim Anziehen der Schraube.

3.19 *rechts*
Rostfahnen an den Schraublöchern. Holzfassaden müssen mit Edelstahlschrauben montiert werden. Bei verzinkten Schrauben wird beim maschinellen Schrauben bereits die Zinkbeschichtung abgerieben, so dass der Rostschutz faktisch nicht mehr vorhanden ist.

schalungen bis zu einer Brettbreite von 80 mm ist ein Befestigungspunkt ausreichend. Größere Breiten erfordern zwei Befestigungen, die dann mit einem Randabstand von mindestens 20 mm zu befestigen sind.

Bei den Bodenbrettern von Boden-Dekkel-Schalungen reicht eine Befestigung aus bei Brettbreiten bis 120 mm, darüber hinaus sind zwei Befestigungspunkte notwendig. Die Befestigung kann beidseitig oder wechselseitig erfolgen.

Zur Gewährleistung eines optisch ansprechenden Schraub- oder Nagelbildes dürfen die Befestigungspunkte auf einer Länge von 2 Metern nicht mehr als ± 0,5 cm von einer gedachten Mittellinie abweichen.

Werden die Verbindungsmittel zu nahe am Rand des Holzes angebracht, ist ein Aufspalten des Holzes kaum zu vermeiden Die minimalen Randabstände sind in Abb. 3.22 bzw. 3.23 dargestellt.

Die Schrauben müssen mindestens so tief in die Unterkonstruktion eindringen wie das zu befestigende Brett stark ist, aber maximal so tief wie die Stärke der Unterkonstruktion. Der Durchmesser der Schraube muss mindestens 4 mm betragen, was aber in der Praxis unrealistisch ist, da Edelstahlschrauben relativ weich sind und die Gefahr besteht, dass beim maschinellen Schrauben die Köpfe abreißen. Es empfiehlt sich die Verwendung von Schrauben mit 4,5 oder besser 5 mm Durchmesser.

3.20
Vorbohren eines Brettes mit integriertem Senker. Das Vorbohren vor dem Imprägnieren ist vorteilhaft, da so das Bohrloch und der angesenkte Rand geschützt werden. Selbst bei zu tiefer Senkung entsteht kein ungeschützter Rand um den Schraubenkopf herum.

3.21
Offene Rhombusschalung 70/20 mm. Normalerweise genügt die Verschraubung in Brettmitte. Allerdings ist bei harzreichen, sich leicht verdrehenden Holzarten ein zweiter Befestigungspunkt vorteilhaft.

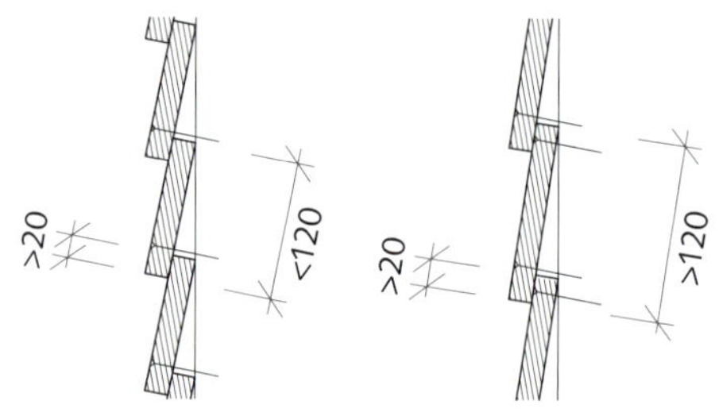

3.22
Befestigungspunkte bei einer Stülpschalung (Maße in mm). Quelle [1]

Tabelle 3.6: Übersicht Befestigungsmittel.

Anwendungsbereich	Nageln herkömmliche, einfache Befestigung	Schrauben für demontierbare Fassaden
Material/ Oberfläche	Edelstahl, galvanisch- bzw. feuerverzinkt	für Unterkonst.: verzinkt für Beplankung: Edelstahl
Kopf	gestaucht, flach rund	Senk-oder Linsenkopf
Antrieb		Kreuzschlitz, Torx
Abmessungen	2,8/65…3,1/70	4/60…5/70
Eindringtiefe	≥40mm	≥40mm
Bemerkungen	profiliert oder glattschaftig	vorbohren oder selbstbohrend
Zeitaufwand	0,08 - 0,12 h/m²	0,10 - 0,20 h/m²
Materialkosten	1,00 - 3,00 €/m²	4,00 - 6,00 €/m²

In jedem Fall sind Senkkopfschrauben mit (gewindefreiem) Schaft zu verwenden, so dass sich beim Schrauben das Brett an die Unterkonstruktion ziehen lässt. Der Senkkopf sollte mit nicht Kreuzschlitz- sondern mit einem Torxantrieb ausgerüstet sein, da so mehr Kraft auf die Schraube gebracht werden kann.

Die Länge der Schrauben ist so zu bemessen, dass sie mindestens so lang sind wie die doppelte Brettstärke, aber nicht länger als die Summe aus Brettstärke und Traglatte. Bei Boden-Deckel-Schalungen ist die Stärke des Unterbrettes hinzuzurechnen.

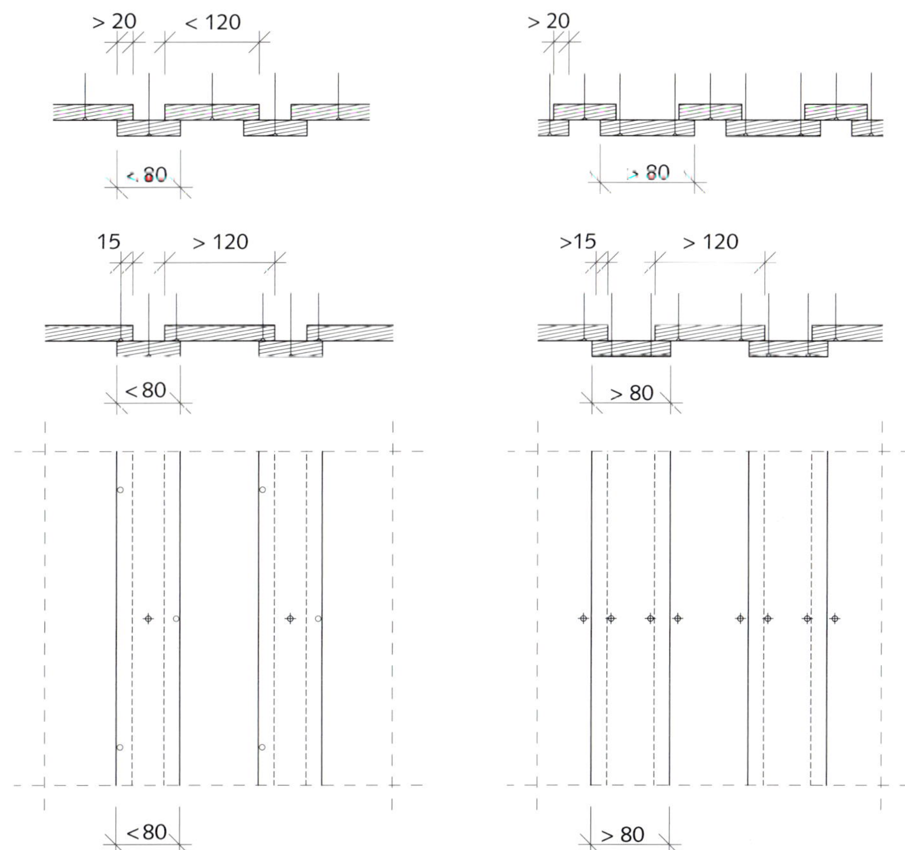

3.23
Befestigung von Boden-Deckel Schalungen. Jedes Brett muss einzeln befestigt werden, die Deckel dürfen nicht durchgenagelt sein. In der Regel wird durch das Oberbrett die Nagelung des Unterbrettes abgedeckt (Maße in mm). Quelle [1]

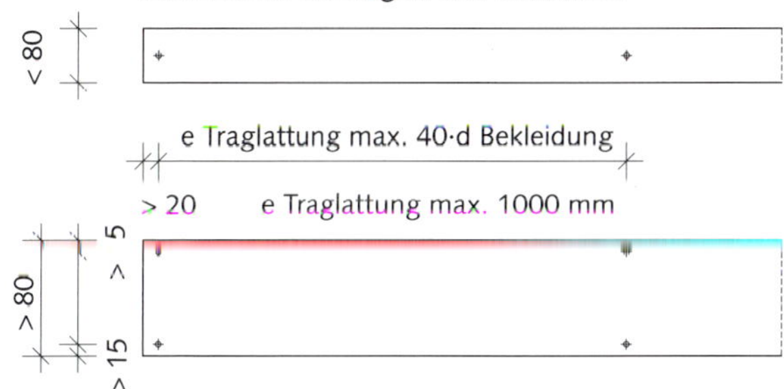

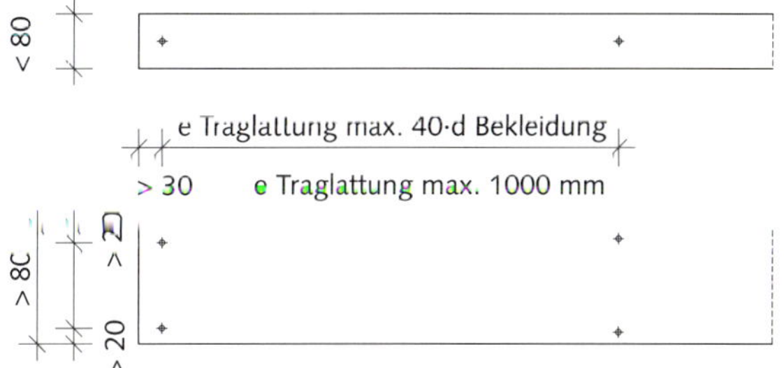

3.24
Mindestabstände der Befestigung von Bekleidungen aus Brettern mit Nägeln und Klammern (Maße in mm). Quelle [1]

3.25
Mindestabstände der Befestigung von Bekleidungen aus Brettern mit Schrauben (Maße in mm). Bei Schrauben mit Bohrspitze und Reibkopf kann der Mindestabstand von 30 auf 20 mm reduziert werden. Quelle [1]

3.26
Betonung der Verschraubung durch Unterlegen von Spenglerscheiben. Je dominanter die Schraubköpfe sind, desto sorgfältiger muss das Schraubenbild ausgeführt werden.

Die Einbindelänge von Nägeln (Mindestabmessung: glattschaftige Nägel 28x60, gerillte Maschinennägel 25x50 mm) in die Traglattung muss mindestens 40 mm betragen.

Bei Klammern (Mindestdurchmesser 1,5 mm) entsprechen die Einbindelängen denen der Schrauben. Da sich die Klammern beim Einschießen verformen, sollten sie etwas länger gewählt werden. Mit Klammern lassen sich Bretter nicht an die Unterkonstruktion heranziehen, wenn diese nicht anliegen (z.B. bei verdrehten Brettern). Sie verbiegen sich bei Auftreffen auf die Unterkonstruktion, so dass eine kraftschlüssige Verbindung nicht gewährleistet ist. Die Klammerbefestigung ist nicht durch die Fachregeln abgedeckt.

Nicht sichtbare Befestigungen
Eine nicht sichtbare Befestigung ist nur bei Brettern mit überdeckender Profilierung möglich. Bei Nut- und Feder-Schalungen ist eine Befestigung mit Klammern in der Nut nicht zulässig, da diese aufgrund der geringen Holzstärke im Verbindungsbereich bei auftretenden Spannungen (z.B. infolge Schwinden) abreißt.

Manchmal erscheint es sinnvoll, Fassadenteile als Elemente vorzufertigen, insbesondere bei sich wiederholenden Elementgrößen. Hierzu werden die Fassadenbretter von hinten mit der Traglattung verschaubt und entweder in eigens angefertigte Befestigungssysteme eingehängt und/oder im Bereich der Fugen verschraubt.

Für alle verdeckten Befestigungssysteme ist ein statischer Nachweis des Systemherstellers erforderlich!

3.27
Vorgebohrtes Loch mit Senkung. Werden die Bretter vor dem Bohren gestrichen, wird der Anstrich im Bereich der Senkung beschädigt. Hier muss mit dem Pinsel nachgearbeitet werden.

3.28
1 – herausstehender Schraubenkopf einer Senkkopfschraube, 2 – Oberflächenverletzung des Holzes durch eine zu fest angezogene, nicht vorgesenkte Senkkopfschraube, 3 – etwas zu tief gesenkte und überdrehte Kreuzschlitzschraube, 4 – vorbildlich gesenkte Schraube mit Torx-Antrieb

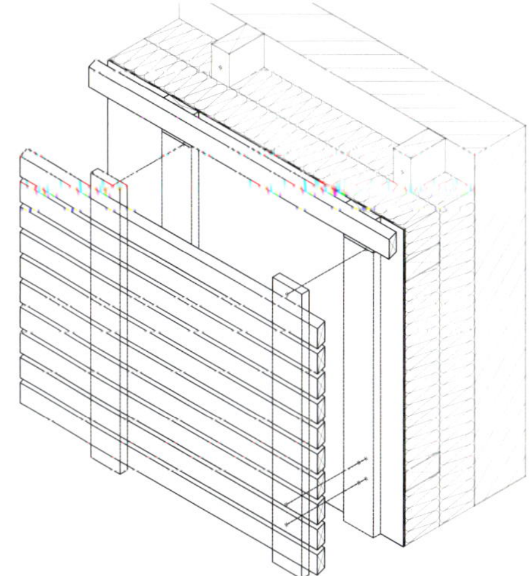

3.29
Verdeckte Befestigung bei vorgefertigten Fassadenelementen: die Rhombusschalung wurde von hinten mit der Traglattung verschraubt und dann als Element durch die offene Fuge an die Unterkonstruktion geschraubt. Das fugenlose Aneinandersetzen der Elemente ist nur bei unbehandelten Fassaden zu empfehlen.

3.30
Patentierte konische Montageclips für offene Fassaden und optisch geschlossene Fassaden. Die Befestigungsclips greifen in eine genutete Holzleiste der Unterkonstruktion, die Profiloberflächen bleiben unverletzt. Einfache Montage ohne Vorbohren, Schrauben oder Klammern, Arbeitszeitersparnis bis zu 30%.
Quelle: www.mocopinus.de

3.3 Unterkonstruktionen

Die Unterkonstruktion für eine Holzfassade umfasst verschiedene Ebenen, die je nach Art der Verlegung, aber auch je nach dahinter liegender Wandkonstruktion unterschiedlich ausgeführt werden. Eine Holzrahmenwand bietet eine definierte Tragkonstruktion (= Systemraster), während bei einer nachträglich gedämmten Massivwand die tragende Unterkonstruktion für die Holzfassade erst ausgebildet werden muss.

Gedämmte Grundkonstruktion

Holzfassaden werden heute vielfach im Rahmen einer energetischen Sanierung von Massivbauten ausgeführt. Somit ist vorher eine tragfähige Außenwanddämmung anzubringen. Um den Anforderungen der ENEV 2016 gerecht zu werden, sind hierfür Dämmstärken von mindestens 16 cm erforderlich. Die Unterkonstruktion sollte kreuzweise aus zwei Kanthölzern 6/8 cm ausgeführt werden. Es empfiehlt sich dabei die Verwendung von **K**onstruktions-**V**oll**H**olz (KVH, sortiert nach DIN 4047-1, Holzfeuchtigkeit 15±3%, gehobelt). Die erste Lage wird lotrecht auf das Mauerwerk gedübelt, die zweite Lage wird horizontal darauf verschraubt.

Der Abstand der Hölzer sollte dabei zwischen 60 und 80 cm liegen. Auf der äußeren Holzlage wird entweder eine diffusionsoffene Folie oder Unterdeckplatten aus Holzfaser mit Nut+Feder verlegt. Bei Schüttdämmungen (Zellulose o.ä) ist eine Unterdeckplatte aus Holzfaser (d = 15 mm) zwingend erforderlich. Folien müssen winddicht, bei offenen Schalungen schlagregendicht verklebt werden.

Es gibt mittlerweile spezielle wärmebrückenoptimierte Holzständersysteme, die bei großen zusammenhängenden Flächen und hohen Dämmstärken Vorteile haben. Allerdings bietet ein solches System weniger Justiermöglichkeiten bei krummen Wänden. Für den Selbstbau und bei vielen unregelmäßigen Fensteröffnungen hat die (preiswertere) kreuzweise montierte Unterkonstruktion wesentliche Vorteile. Da bei der kreuzweisen Verlegung die erste Lage vertikal und die zweite Lage horizontal verlegt wird, können die später angebrachten Grundlatten in horizontaler Richtung beliebig montiert werden. Das ist bei vertikal verlegten Schalungen von Vorteil, an Fensteranschlüssen wie auch bei der Lage von senkrechten Stößen und Fugen.

3.31: Gedämmte Holzfassade vor einer Massivwand.

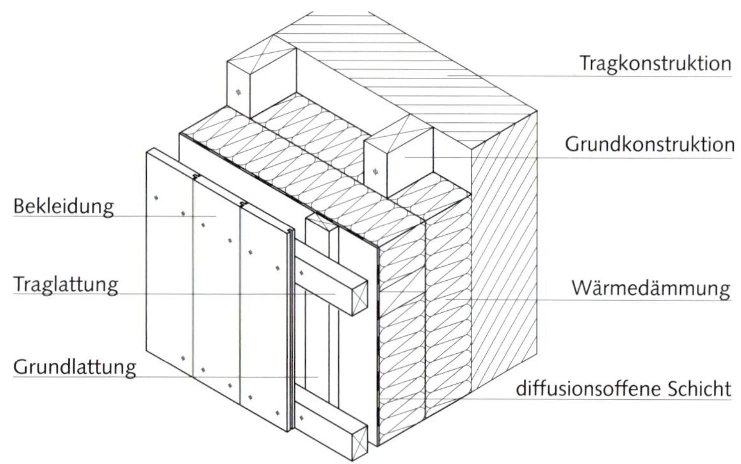

3.32

Kreuzweise verlegte Unterkonstruktion aus KVH 6/8 cm. In der 2. Lage können horizontale Unebenheiten der vorhandenen Mauerwerkswand ausgeglichen werden. Die diffusionsoffene Ebene besteht hier aus einer Unterdeckplatten aus Holzfaser, durch die Nut-Feder-Verbindung wird die Winddichtigkeit erzielt.

Wasserabweisende und diffusonsoffene Schichten

Unabhängig davon, ob die Tragkonstruktion unter der Holzfassade aus einer massiven Wand oder einer Holzrahmenkonstruktion besteht, ist die Ausbildung einer 2. Wasserablaufebene notwendig. Diese muss verschiedene Funktionen erfüllen:

- Regensicherheit und Feuchteschutz,
- Winddichtung,
- geringer Diffusionswiderstand,
- UV-Beständigkeit bei offenen Schalungen.

Durch das Werfen und Verdrehen von Brettern (vor allem infolge Sonneneinstrahlung) und vor allem bei Fassaden mit offenen Fugen tritt Schlagregen durch die Fassade hindurch und gelangt bis an die wärmedämmende Ebene. Die Anordnung einer regendichten Ablaufebene auf der Innenseite der vertikalen (Grund- bzw. Trag-)Lattung verhindert die Durchfeuchtung der Dämmung.

Bei allen offenen Schalungen sollte darauf geachtet werden, dass die Bahnen oder Platten *nicht* mit einem Werbeaufdruck versehen sind. Ansonsten kann es zu einem unbeabsichtigten Durchschimmern im Fugenbreich kommen.

Diese Folie oder Platte sollte auch gleichzeitig die Winddichtung übernehmen. Dadurch wird verhindert, dass infolge von Windeinfluss klaffende Fugen in der Dämmung zu Wärmebrücken führen. Die Diffusionsfähigkeit dieser Schicht muss mit dem gesamten dahinter liegenden Wandaufbau abgestimmt werden. Bei offenen Schalungen ist die UV-Beständigkeit zwingend erforderlich. Diese sollte vom Hersteller garantiert werden.

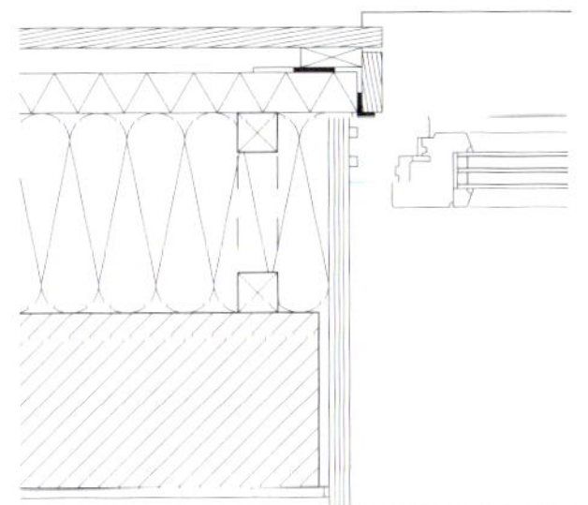

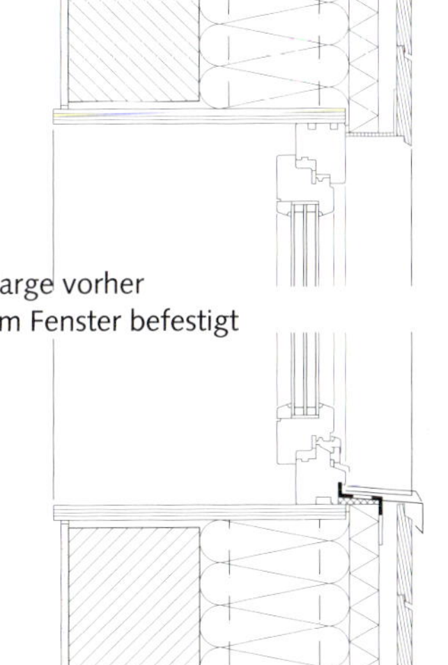

Zarge vorher
am Fenster befestigt

3.33
Fassadensanierung mit U*psi-Dämmständern.

3.34 *links oben und Mitte*
U*psi-Dämmständer Typ F der Firma Lignotrend sind gegenüber den kreuzweise verlegten Tragkonstruktionen wärmebrückenreduziert. Es können Dämmstärken von bis zu 360 mm erreicht werden. Quelle: www.lignotrend.de

3.35 *links unten*
Regensichere, diffusionsoffene Folie. Viele Fabrikate sind mit selbstklebenden Rändern ausgestattet, um so eine winddichte Ebene zu erreichen. Die Unsitte der Werbeaufdrucke nimmt langsam skurrile Formen an. Viele Hersteller, aber auch einzelne Handwerksfirmen, nutzen die Flächen zur kostenlosen Werbung.

3.36
Nach innen um 15° abgeschrägte Traglattung 4/6 cm. Bei einer offenen Brettschalung wird so verhindert, dass Schlagregen auf der Traglattung stehen bleibt. Die Neigung zur wasserablaufenden Hinterlüftungsebene ist sinnvoll, damit der auf der Lattung ansammelnde Schmutz nicht zur Fassade hinausgespült wird.

3.37
Damit bei offener Bekleidungen die Traglattung nicht durch die Fugen durchschimmert, kann die Sichtseite entweder dunkel gestrichen oder mit UV-beständiger Folie abgedeckt werden.

3.38 *links unten*
Vertikale Grundlattung 30/50 cm, e = 62,5 cm, mit dahinterliegender diffusionsoffener Folie.

Tabelle 3.7
Erfahrungswerte zum Lattenabstand in Abhängigkeit zur Brettdicke der Fassadenbretter.

Brettdicke	Lattenabstand
18 mm	400 mm
20 mm	500 mm
24 mm	600 mm
26 mm	700 mm
28 mm	800 mm

Tabelle 3.8
Mindestausführungen für Grund- und Traglattungen. Quelle [1]

Anforderung	Grundlattung	Traglattung
Holzarten	Fichte,Tanne, Kiefer, Lärche	
Holzfeuchte (%)	≤ 20	≤ 20
Sortierklasse	S10	S10
Festigkeitsklasse	C24	C24
Querschnitt (mm)	≥ 30 x 50	≥ 30 x 50
Abstände der Latten (mm)	≤ 850	$e \leq 40 \cdot d_{Bekl}$ $e_{max} \leq 850$

Grund- und Traglattung

Auf der Unterkonstruktion (außerhalb der diffusionsoffenen Folie) wird die Lattung montiert. Diese besteht bei

- horizontaler Bekleidung und Plattenwerkstoffen aus einer vertikalen Traglattung,
- vertikaler Bekleidung aus einer vertikalen Grundlattung sowie einer horizontalen Traglattung.

Die Lattungen stellen die kraftschlüssige Verbindung zwischen Unterkonstruktion und den Fassadenbrettern her. Diese müssen gemäß DIN 4074-1 daher mindestens der Festigkeitsklasse C24 und Sortierklasse S10 entsprechen, die Einbaufeuchte darf 20% nicht überschreiten. Auf einen statischen Nachweis kann bei Brettfassaden bis max. 10 m Höhe über Terrain verzichtet werden, wenn die Mindestabmessungen und -abstände der Tab. 3.8 entsprechen. Die Befestigung erfolgt kraftschlüssig mittels verzinkter Nägel oder besser mit Edelstahlschrauben (siehe Tab.3.6). In küstennahen und windreichen Gebieten sind statische Nachweise erforderlich.

Adressen

Diffusionsoffene Fassadenbahnen
www.braas.de — www.proclima.de
www.doerken.de — www.isotec.de
www.dupont.de — www.isocell.de

Diffusionsoffene Wand- und Dachplatten
www.egger.de — www.glunz.de
www.gutex.de — www.hornitex.de
www.kronoply.de — www.pavatex.de

Befestigungsmittel
www.fischer.de — www.toproc.ch
www.hilti.de — www.wuerth.de
www.spax.com — www.bti.de

4 Ausführungsarten

Keine Fassadenart bietet vielfältigere Ausführungsmöglichkeiten als die Holzfassade.

Die traditionellen Grundprinzipien, Minimierung der Bewitterung bei gleichzeitig schnellem Abtropfen und Austrocknen, gelten nach wie vor, auch die verbesserten Beschichtungen ändern nichts an der notwendigen Planungsdisziplin. Heute werden die konstruktiven Prinzipien von nicht wenigen Architekten zugunsten einer zeitgemäßen Gestaltung von Holzfassaden vernachlässigt. In vielen veröffentlichten Beispielen werden neue Fassaden prämiert, die noch nicht den Beweis der Dauerhaftigkeit erbracht haben. Würde man die gleichen Beispiele 5 Jahre später zu bewerten haben, so wäre das Ergebnis eher mit dem Begriff *Bauschadensammlung* zu umschreiben.

Grundsätzlich gelten in Deutschland die Fachregeln des Zimmererhandwerks, *Außenwandbekleidungen aus Holz- und Holzwerkstoffen* (Ausgabe Februar 2023), auf die im Folgenden immer wieder Bezug genommen wird.

Selbstverständlich können Holzfassaden aus gestalterischen und konstruktiven Gründen abweichend ausgeführt werden, allerdings sollte sich der Planer bzw. die ausführende Firma über die Risiken und Nebenwirkungen nicht geregelter Konstruktionen im Klaren sein und seiner Beratungs- und Aufklärungspflicht nachkommen (siehe Kap.8.1).

4.1 Brettschalungen

Der Reiz von Holzfassaden besteht in ihrer Ausführungsvielfalt hinsichtlich

- Verlegerichtung,
- Verlegeart,
- Brettabmessungen,
- Detailausbildung,
- Holzart,
- Oberflächenbehandlung.

Auch wenn diese Faktoren für die Fassadenwirkung stark prägend sind, ist die Gesamtwirkung eines Gebäudes primär durch die Größe und Proportionen der geschlossenen und transparenten Bauteile sowie durch Dachkanten und Fensterteilungen bestimmt. Eine gut proportionierte Wand kann durch die Struktur und Oberfläche der Holzfassade verfeinert werden, bei einer mangelhaften Basisgestaltung wird auch die raffinierteste Holzfassade nur einen bescheidenen Beitrag an der Gesamtgestaltung leisten. Das Erscheinungsbild einer Holzfassade wirkt durch ihre Fläche wie durch ihre Details. Die Anzahl der Anschlusspunkte ist bei einer Holzfassade höher als bei Putz- oder Ziegelfassaden: dazu gehören insbesondere Eckausbildungen, horizontale und vertikale Fensteranschlüsse, obere und untere Wandabschlüsse sowie die Materialübergänge.

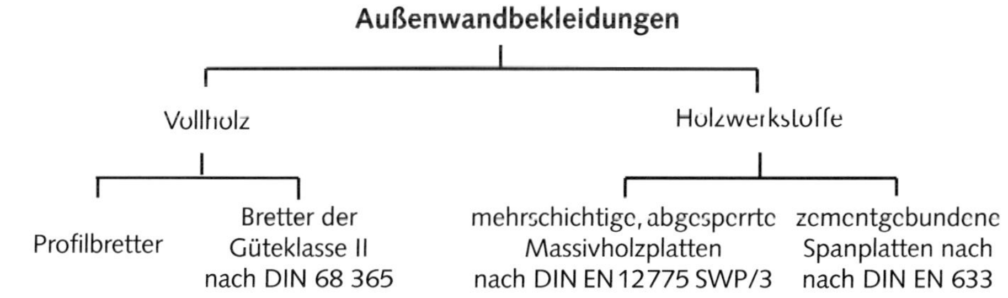

Außenwandbekleidungen

- Vollholz
  - Profilbretter
  - Bretter der Güteklasse II nach DIN 68 365
- Holzwerkstoffe
  - mehrschichtige, abgesperrte Massivholzplatten nach DIN EN 12775 SWP/3
  - zementgebundene Spanplatten nach nach DIN EN 633

4.1 Bekleidungen aus Holz und Holzwerkstoffen. Quelle [1]

Grundprinzipien

Je disziplinierter eine Holzfassade geplant wird, desto langlebiger und dauerhaft optisch ansprechender ist sie. Dabei müssen konstruktive Grundprinzipien und die Detailausbildung mit Geschmacksfragen und gestalterischen Ansprüchen in Einklang gebracht werden.

Als wesentliche Kriterien gilt es zu beachten:

4.2
Pfadfinderheim in Wolfurt/Vorarlberg (Arch. H. Kaufmann). Gezielter Umgang mit dem Wetterschutz: Die Eingangsfassade verfügt über einen weit ausladenden Dachüberstand, der die dahinter liegende farbige OSB-Fassade schützt. Gleichzeitig wird der Wetterschutz für die Treppen- und Rampenanlage gewährleistet. Die übrigen Fassaden sind ohne Dachüberstand bewusst dem Wetter ausgesetzt, so dass eine gleichmäßige Vergrauung gewährleistet wird.

4.3
Selbst ein ca. 70 cm großer Dachüberstand kann die Bewitterung der Fassade nicht verhindern. Deutlich erkennbar ist nur der unmittelbare Bereich unterhalb des Dachrandes geschützt. Im Bereich der Wetterseiten entspricht die Breite des Dachüberstandes der Höhe der unbewitterten Fassadenfläche.

- Vermeidung von horizontalen oder flach geneigten Flächen,
- Schnelles Abfließen von Regenwasser und Kondensat, Vermeidung von stehendem Wasser, auch bei der Unterkonstruktion,
- Ausbildung von Tropfkanten, Abschrägen mit mindestens 15° Neigung,
- Konstruktiver bzw. chemischer Schutz von Stirnholz,
- Ausreichende Fugenbreiten (≥ 10 mm) zum Austrocknen der Bauteile,
- Rostfreie Befestigungsmittel, die Schwind- und Quellbewegungen ermöglichen,
- Funktionsfähige Hinterlüftung mit mindestens 2 cm freiem Querschnitt,
- Spritzwasserabstand vom Boden mindestens 30 cm.

Grundsätzlich gilt: Eine Holzfassade ist niemals *wasserdicht.* Sie muss jedoch schlagregensicher ausgebildet werden, damit das Holz schnell und an allen Teilen austrocknen kann. Es gibt zwei Philosophien im Umgang mit einer Holzfassade:

1. Jede Art von Wetterbelastung wird vermieden. Praktisch ist ein solcher Ansatz kaum umsetzbar, allenfalls durch überdimensionale Dachüberstände, wodurch die Schlagregenbelastung auf ein Minimum reduziert wird.
2. Auf jede Art von Wetterschutz wird bewusst verzichtet. Dieser Ansatz sollte bei allen unbehandelten Fassaden zur Anwendung kommen. Nur so wird eine gleichmäßige Vergrauung gewährleistet. Die Anforderungen an die Planungsdisziplin, bezogen auf das schnelle Abtropfen und Austrocknen, sind jedoch höher. Gleichzeitig führt die Dauerbewitterung (Regen, UV-Strahlung, Staub etc.) auch zu höheren Quell- und Schwindbewegungen, zum Schüsseln des Holzes und zu Rissbildungen.

Verlegerichtung

Die beiden Grundrichtungen unterscheiden sich nicht nur optisch voneinander – betont man die Höhe oder die Breite eines Gebäudes – sondern es wird durch diese Auswahl auch die Bewitterung sowie die Auswahl und Art der Detailausbildung vorentschieden.

Eine *vertikale* Verlegung (z.B. Boden-Deckel-Schalung, siehe S. 39) ist konstruktiv unproblematischer, da der Wasserablauf längs zur Faser erfolgt. Das Regenwasser fließt schneller und mit weniger Widerstand ab, es gibt keine Flächen, auf denen das Wasser steht bzw. die unterschiedlich befeuchtet werden. Vertikal verlegte Holzfassaden sind dadurch prinzipiell langlebiger, aufgetragene Beschichtungen und farbige Behandlungen dauerhafter. Nicht behandelte Fassaden vergrauen bei vertikaler Verlegung gleichmäßiger.

Die *horizontale* Verlegung hat ihren Ursprung in der schuppenförmigen Anordnung von Brettern (Stülpschalung). Auf diese Weise lassen sich auch weniger maßhaltige Bretter zu einem gleichmäßigen Fassadenbild verarbeiten, da das Maß der Überdeckung Spielräume für den Ausgleich von Maßtoleranzen bietet.

Heute werden horizontale Brettbekleidungen überwiegend aus gestalterischen Gründen angewendet.

Verlegeart

Es gibt grundsätzlich vier Verlegearten:

- Stülpschalung, meist horizontal verlegt, aber auch vertikal möglich,
- Boden-Deckel-Schalung (vertikal),
- Nut-Feder-Schalung bzw. überfälzte Schalung (horizontal),
- Schalung mit offener Fuge (horizontal und vertikal).

Die Verlegung auf einer Ebene (Nut-Feder, überfälzt oder offen) ist im Bereich der Anschlusspunkte einfacher zu lösen als bei Ausführung auf zwei Ebenen (Boden-Deckel oder Stülpschalung).

Stülpschalung

Die traditionelle Stülpschalung basiert auf dem Prinzip der Schuppendeckung. Die einzelnen Bretter überlappen dabei um mindestens 2 cm, es entsteht eine geschuppte Textur. Die Bretter unterliegen nur geringen Anforderungen, es können einfache, gehobelte oder ungehobelte Glattkantbretter verwendet werden. Da sich an den Ecken und Fensteranschlüssen das sägezahnartige Profil abzeichnet, sind entsprechende Abschlussprofile anzuordnen (siehe Kap.5.1). Durch die Überlappung entsteht einerseits ein reizvolles Schattenspiel, welches die horizontale Verlegung betont, andererseits ist die untere, hervorstehende Brettkante besonders wetterbelastet, weil das abfließende Wasser an der unteren Kante einen Wasserstau durch Adhäsion verursacht, was zu Schmutzansammlung und Algenbildung führen kann.

4.4
Gehobelte, schwarz lasierte Stülpschalung. Die schuppenförmige Überdeckung führt zu mehr oder weniger großem Schattenwurf und betont so die horizontale Ausrichtung.

Tabelle 4.1: Vertikale und horizontale Verlegearten.

Verlegerichtung	Verlegeart	Aufwand/Anforderung	
		in der Fläche	an den Anschlusspunkten
Horizontal	Rhombusschalung offen	gering	mittel
	Stülpschalung	gering	hoch
	Überfälzte Schalung	sehr gering	mittel
Vertikal	Glattkantbretter offen	gering	gering
	Nut-und Federschalung	gering	hoch
	Boden-Deckel Schalung	gering	mittel

Boden-Deckel-Bekleidung

Traglattung

Leisten-Deckel-Bekleidung

Traglattung

Deckleistenbekleidung

Traglattung

4.5 *oben*
Verschiedene Boden-Deckel-Schalungen: Die Bretter können beliebig variiert werden, jedoch sollten die Leisten mindestens 6 cm breit sein und die Bretter eine Breite von 15 cm möglichst nicht überschreiten.

4.6 *oben rechts*
Stülpschalung aus gehobelten, gerundeten und lackierten Eichenbrettern bei einem Wohhaus in Noormakku/Finnland (Arch: Alvar Aalto,1939). Die Besonderheit liegt in einer zusätzlichen Lamellierung im Fensterbereich. Im Innenbereich sind dort Lüftungsklappen installiert.

4.7 *Mitte rechts*
Traditionelle Boden-Deckel-Schalung. Die Fugen zwischen den Unterbrettern (Böden) werden durch das Oberbrett (Deckel) abgedeckt. Die Oberbretter dürfen nur im Bereich der Fuge befestigt werden, da die Bretter sonst reißen. Boden und Deckel können in der Breite beliebig variiert werden.

4.8 unten *rechts*
Boden-Leisten-Schalung: breite Böden und schmale Deckleisten. Besondere bei farbig abgesetzten Deckleisten ist eine hohe Planungsdisziplin im Bereich der Fensterleibungen notwendig.

Boden-Deckel-Schalungen

Die älteste vertikale Verlegeart. Dabei werden die Fugen der Unterbretter (Boden) mit den Oberbrettern (Deckel) abgedeckt. Unter- oder Oberbretter können auch aus schmalen Leisten bestehen (Boden-Leisten-Schalungen). Dadurch lässt sich das Erscheinungsbild vielfältig variieren.

Nut und Feder-Schalungen

Nut und Feder-Schalungen haben im Gegensatz zu überfälzten Schalungen an der einen Brettseite eine ca. 0,8 cm breite und ca. 1 - 1,2 cm tiefe Nut und auf der anderen Seite eine entsprechend verjüngte Feder, die oft länger ausgeführt ist. So wird eine sichtbare *Schattenfuge* erzielt und gleichzeitig die Verlegung vereinfacht, da Maßtoleranzen bei der Verlegung ausgeglichen werden können. Durch das Ineinanderstecken von Nut und Feder sind die Bretter auf der ganzen Länge miteinander fixiert. Nut-Feder-Schalungen lassen sich in der Fläche einfach montieren, an Fensterleibungen müssen Nut bzw. Feder entfernt werden, um eine saubere, glatte Kante zu erhalten.

Überfälzte Schalungen

Äußerlich sind diese nicht von Nut-Feder-Schalungen zu unterscheiden, der Unterschied besteht darin, dass das Brett an der Oberseite außen ausgefälzt wird und an der Unterseite innen. So überlappen sich die Bretter im Bereich des Falzes.
Der Vorteil im Vergleich zu den Nut-Feder-Brettern besteht darin, dass der Falz robuster ist und die Bretter einzeln ausgewechselt werden können.

Offene Schalungen

Schalungen mit offenen Fugen werden seit einigen Jahren immer häufiger verlegt. Voraussetzung hierfür ist jedoch eine regendichte und UV-beständige Ablaufebene wandseitig hinter der Hinterlüftung. Da gedämmte Konstruktionen ohnehin eine diffusionsoffene Folie oder Platte benötigen, ist hier der Mehraufwand, abgesehen von den erhöhten Anforderungen an die Folie oder die Platte selbst, eher gering. Die Abdichtungsbahnen müssen über entsprechende Eigenschaften gem. DIN EN 13859-2 (2014-07) verfügen, die erhöhten Anforderungen beziehen sich vor Allem auf die UV-Beständigkeit und den Widerstand gegen Wasserdurchgang ($W1_{sd} \leq 1m$). Langzeiterfahrungen über die UV-Beständigkeit der Folien liegen bisher noch nicht vor.

Die Ausbildung der Anschlusspunkte, insbesondere im Bereich der Fenster, erfordert jedoch eine erhöhte Sorgfalt. Die Folie stellt dabei den entscheidenden Wetterschutz dar, das Holz erfüllt rein optische Funktionen. Offene Schalungen können vertikal mit normalen Glattkantbrettern oder auch mit sägerauen Brettern ausgeführt werden. Sie sind einfach mit einem Abstandshalter zu verlegen. Bei einer horizontalen Verlegung sollten in jedem Fall rhombusartig geschnittene Bretter verwendet werden, deren Seiten um mindestens 15° abgeschrägt sind. So kann das Regenwasser unten besser abtropfen und bleibt oben. Rhombusleisten sind heute fester Bestandteil im Sortiment des Holzhandels.

Offene Schalungen sind jedoch nur als horizontale Verlegung in den Fachregeln beschrieben. Auch die zukünftige DIN EN 68.800-2 bezieht sich auf senkrechte Unterkonstruktionen in Verbindung mit horizontal verlegter Rhombusschalung. Die

Profilbrettbekleidung (waagerecht und senkrecht)

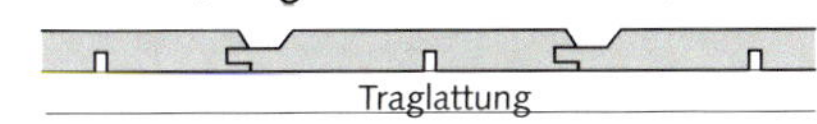

4.9 : Nut und Feder-Schalungen

4.10 *links*
Variationen von Nut und Feder Schalungen. Die Verlegung kann sowohl horizontal wie vertikal erfolgen.

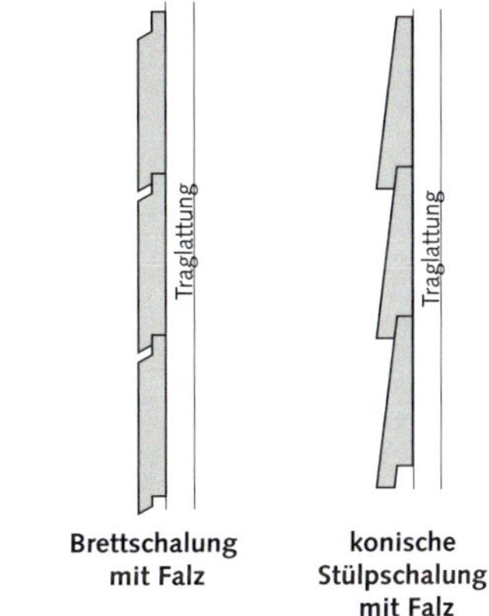

4.11 : Überfälzte Schalungen

4.12 *Mitte links*
Horizontal verlegte Nut-Feder-Schalung. Das schmale Leibungsbrett im Farbton der Fassade schafft einen optisch unaufgeregten, soliden Übergang zum dunkel abgesetzten Fenster.

4.13 *links unten*
Sägeraue, überfälzte Schalung. Mit bloßem Auge ist diese von der Nut und Feder-Schalung nicht zu unterscheiden. Sie bietet aber häufig mehr Spielräume, die Fugen passend zu verteilen.

4.14 *oben links und Mitte*
Offene Brettschalung aus Glattkantbrettern 9/2 cm mit einer ca. 10 mm breiten Fuge. Eine solche Verlegung ist sowohl naturbelassen wie auch beschichtet die einfachste, günstigste und problemloseste Fassadenart.

4.15 *oben rechts*
Zeitgemäße Rhombusschalung, als offene Schalung 2/7 cm mit 1 cm breiter, offener Fuge und jeweils 15° schrägen Kanten zum Abtropfen des Wassers.

4.16
Offene vertikale Schalungen mit verschiedenen Brettbreiten bieten zahlreiche Variationsmöglichkeiten. So lassen sich auch quadratische Regenfallrohre problemlos in die Fassade integrieren.

Adressen
www.ampack.ch
www.doerken.de
www.illbruck.de
www.proclima.de
www.stamisol.com

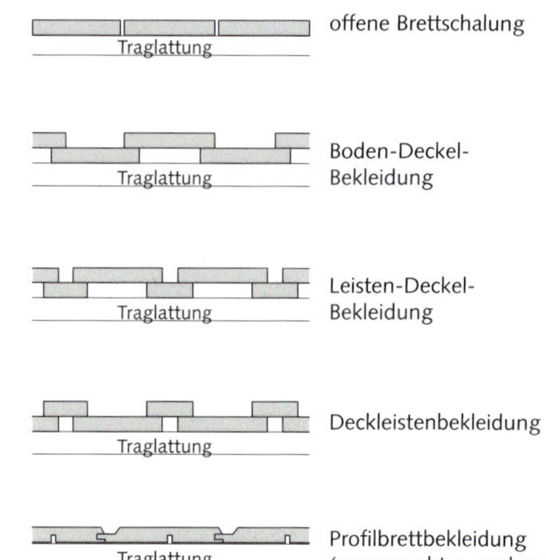

vertikale Verlegung ist jedoch seit etwa 20 Jahren gebräuchlich, ihr tatsächlicher Schlagregenschutz ist bei einer Fugenbreite ≤ 1 cm aber weitestgehend vorhanden. Dem Autor sind aus der eigenen Erfahrung keine Schadensfälle bekannt.vorhanden. Schadensfälle sind allerdings nicht bekannt.

Sonderlösungen und Exoten

Die Fassade (frz.:façade, lat. facies) ist traditionell der gestaltete und sichtbare Teil der Außenwand eines Gebäudes. Sie dient einerseits dem Witterungsschutz, wird aber auch seit Jahrhunderten unter repräsentativen Aspekten gebaut.

Alle offenen Holzfassaden werden der originären Funktion des Wetterschutzes nur noch bedingt gerecht, die dahinterliegenden regen-, temperatur- und UV-beständigen Folien oder Platten übernehmen rechtlich diese Funktionen. Somit kann man in unserem Sinne nicht mehr von Fassade sprechen, sondern eher von einem repräsentativen und dekorativen Gestaltungselement. Auch wenn dieser reine Gestaltungsansatz im Holzbau keine Geschichte hat, so ist er im (eher wetterresistenten) Massivbau bereits seit der Antike sehr verbreitet. Unter dem Aspekt, dass man naturbelassenes Holz oder zellulosebasierte, holzähnliche Produkte wie Bambus oder Schilf verwendet, ist auch bei Nutzungsdauern unter 20 Jahren kein moralischer Zeigefinger notwendig: Die Fassade erfüllt dann den Tatbestand einer temporären Skulptur, wodurch sich vielfältige reizvolle Gestaltungsperspektiven ergeben. Ein solcher Ansatz befreit die Planenden durchaus von Pflichten des Wetterschutzes und ermöglicht so nahezu grenzenlose Gestaltungsspielräume und spätere Veränderbarkeit. Der computergesteuerte Zuschnitt von Hölzern bieten nahezu unerschöpfliche Gestaltungsspielräume

Die Grenze zwischen reizvoller Kreativität und Peinlichkeit ist hier fließend. Bei der Schnelllebigkeit heutiger Moden und der Tatsache, dass jedes für eine Holzfassade geeignete, unbehandelte Holz doch wenigstens zwanzig Jahre hält, bieten solche Sonderlösungen durchaus den Vorteil, alle 20 Jahre die Ansicht des Hauses zu aktualisieren. Die alte Fassade lässt sich rückstandsfrei verfeuern oder kompostieren Der Vorteil besteht darin, dass die vom Wetterschutz befreite Holzfassade auch ungleich weniger Anforderungen an die Dichtigkeit von Fensteranschlüssen und Eckausbildungen stellt, da die dahinter liegenden Folie oder Platte die Dichtigkeitsebene darstellt. Mit den Bauherren sollte jedoch die bewusst in Kauf genommene eventuelle frühzeitige Verwitterung schriftlich abgesichert werden.

Holzbeplankte Dächer

Es ist der nachvollziehbare und reizvolle Wunsch einiger Architekten und Bauherren, die gesamte sichtbare Gebäudehülle aus einem Material auszuführen. Ein alter Traum wird wieder zum modischen Trend: Man führt die Holzfassade auf dem Dach weiter, so dass Wand und Dach optisch eine Einheit bilden. Auch hier liegt die eigentliche Abdichtungsebene unter dem Holz, die eigentliche Dacheindeckung ist wie ein Flachdach auszuführen, die abgeschrägten Konterlatten sind mit einzukleben. Längsstöße sollten vermieden wer-

4.18 *links*
Offene Fassade aus einseitig unbesäumten Bohlen ohne Wetterschutzfunktion eines Wohn- und Bürogebäudes in Odense/DK

4.17
Knüppelholzfassade eines Gasthauses am Bodensee. Geschälte Weidenzweige um Stahlrohre geflochten. Keine regelkonforme Konstruktion, aber eine eindrucksvolle Variante einer Holzfassade.

4.19 *Mitte und rechts*
Dreidimensionale Holzfassade an einem Wohn- und Geschäftshaus in Klosters/Hiddensee aus Lärche-Dreischichtplatten. Auch hier steht die skulpturale Komponente im Vordergrund. Elektronisch gesteuerte Abbundanlagen machen einen solchen Zuschnitt zu überschaubaren Preisen möglich.

den. Die Lebensdauer einer Dachbeplankung entspricht dabei mehr der einer Terrasse als einer Fassade.

Der Reiz eines solchen Daches besteht u.a. im ansatzlosen Übergang von Dach und Wand. Dabei ist eine normgerechte Entwässerung der Dachflächen nicht möglich. Im Gegensatz zu der offenen Holzfassade, bei der die Wetterschutzebene nur bei Schlagregen belastet wird, wird diese bei einem Holzdach bei jedem Nieselregen nass, so dass hier eine extreme Ausführungssorgfalt insbesondere bei den Fensteranschlüssen notwendig ist. Die Ausführung einer innenliegenden Rinne ist möglich, diese aber schwer sauber zu halten.

Aufgrund der von Jahr zu Jahr zunehmenden Rauheit und der organischen Substanz des bewitterten Holzes ist auf nordorientierten Dächern verstärkt mit Algen- und Moosbewuchs zu rechnen.

4.20 *oben links*
Bambusfassade Parkhaus Zoo/Leipzig.

4.21 *oben Mitte*
ungewöhnliche Reetfassade am Fährhaus Rottenhusen/Ratzeburger See.

4.22 *Mitte links*
Ferienhäuser in Katwyk/NL. Fassade und Dach aus Lärche überzeugen durch ihre klaren formalen Strukturen.

4.23 *unten links*
Wohnhaus in Hou/DK: Dach und Wand als Einheit, scharfkantige Übergänge sind reizvoll, aber nicht dauerhaft.

4.24 unten *Mitte*
Wasserspeier einer innenliegenden Holzdachentwässerung. Reinigung erfordert eine Spiralbürste.

4.25 *unten rechts*
Regelquerschnitt und Ortgang bei einer Dach- und Fassadenbeplankung.

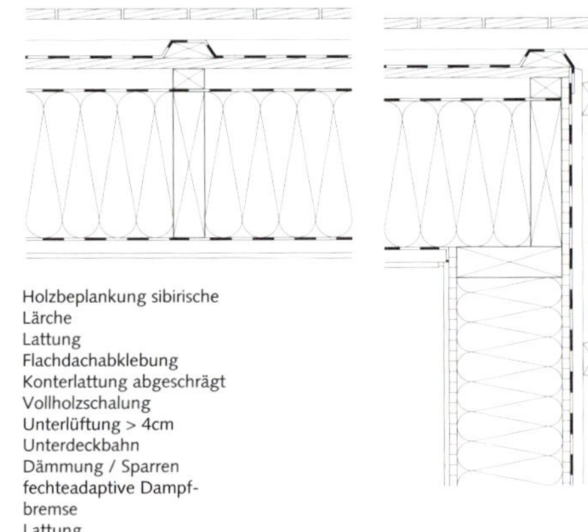

4.2 Schindeln

Ursprünglich stellten Holzschindeln eine einfache Methode dar, Häuser mit einem Wetterschutz zu versehen. Heute werden sie auch bei modernen Bauformen noch im süddeutschen Raum, in Österreich und in der Schweiz verwendet, da dort die Schindeltradition am meisten ausgeprägt und vielen Zimmerleuten diese Technik noch vertraut ist. Es gibt eine Vielzahl an Ausführungsvarianten hinsichtlich Schindelgröße und -form, Holzart, Oberfläche und Überdeckung. Die im Vergleich zur Brettfassade hohen Kosten einer Schindelfassade resultieren aus der wesentlich zeitaufwändigeren Montage, da jede Schindel einzeln befestigt wird, so dass vor allem bei kleinformatigen Rundschindeln bis zu hundert Arbeitsschritte pro m^2 auszuführen sind.

Fassadenbekleidungen mit Schindeln können 2-lagig, 2,5-lagig oder 3-lagig verlegt werden. Eine 2,5-lagige oder 3-lagige Deckung wird von den Schindelherstellern empfohlen, die Wände sind zwar mechanisch stabiler, was aber praktisch von untergeordneter Bedeutung ist.

Holzschindeln werden gemäß DIN 68119 nach *Breitenmeter* (brtm) abgerechnet: eine Reihe Schindeln auf einen Meter nebeneinander gelegt, die Höhe der Reihe entsprechend der Schindellänge. So errechnet sich der m^2-Preis in Abhängigkeit zur Überdeckung der Schindeln. Bei der Unterkonstruktion einer Schindelung gelten die gleichen Grundprinzipien für die Hinterlüftung wie bei Brettfassaden.

Die Haltbarkeit von Schindeldeckungen hängt neben der Holzqualität auch von den verwendeten Befestigungsmitteln ab. Die Befestigung mit speziellen Druckluftklammer- und Nagelgeräten, die auch über sogenannte Einschlagtiefenbegrenzer verfügen, setzt sich immer mehr durch. Die Verwendung von Edelstahlklammern ist zum Standard geworden.

Bei der Hand-Nagelung ist die Gefahr der Rissbildung geringer, da man die Schläge besser dosieren kann. Für einen handwerklich versierten Laien mit viel Zeit kann die Montage von Holzschindeln in Eigenleistung ausgeführt werden, eventuell nach kurzer Einweisung durch einen Fachmann.

Auch wenn die Schindeln selbst mit dem Preis qualitativ hochwertiger Hölzer vergleichbar sind, ist der Montagepreis doch mindestens doppelt bis dreimal so hoch anzusetzen wie der von einfachen Brettbekleidungen.

Zur Haltbarkeit von Schindeldeckungen liegen keine verlässlichen Angaben vor. Sie dürfte aber bei gespaltenen Schindeln und bei regelmäßiger Wartung (z.B. Reini-

4.25
Ausgewechselte Rundschindeln im Sockelbereich eines Wohnhauses. Insbesondere bei den nur 4 cm breiten Schindeln ist der Arbeitsaufwand erheblich.

4.26
Konstruktiver Aufbau einer Schindelfassade.

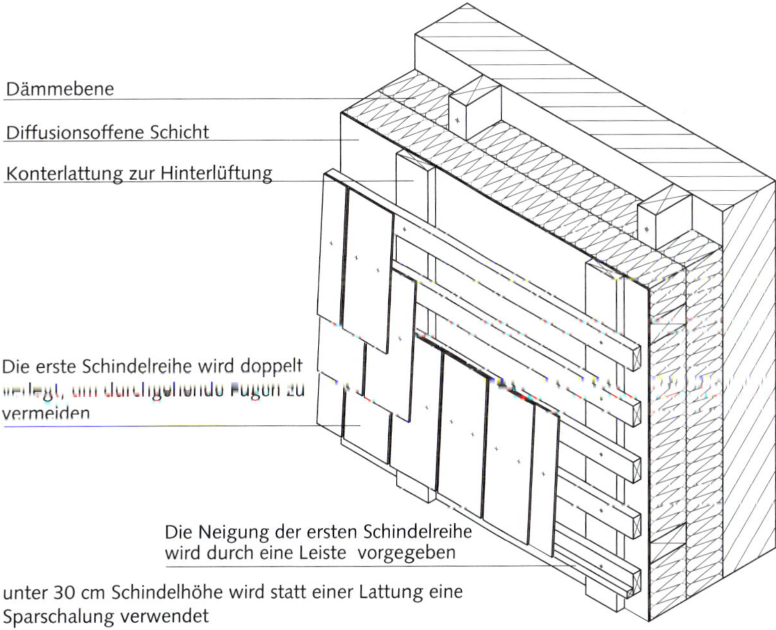

gung alle 5 - 10 Jahre) höher liegen als bei Brettfassaden gleicher Holzqualität (bei gesägten Schindeln: etwa gleich lang). Dazu kommt, dass einzelne Bereiche von Schindelfassaden immer mal wieder erneuert werden können.

Ein neuer Einsatzbereich für Schindeln liegt im Bereich der Sanierung von Fassaden aus Asbestzementplatten. Ein Austausch erscheint sinnvoll, nachdem deren potentielle gesundheitliche Risiken seit Jahren nachgewiesen sind. Nach vorsichtiger, möglichst bruchfreier Demontage der Fassadenplatten kann die Unterkonstruktion mit relativ einfachen Modifikationen für die Verlegung von Schindeln wiederverwendet werden.

4.27 *oben links und rechts*
Moderne Schindelfassade aus gesägten, grau lasierten Weißtannenschindeln. Pfarreizentrum Bonaduz/Graubünden, Arch.: Walter Bieler

Bezugsquellen Holzschindeln
www.holzschindeln.de
www.holzschindeln.ch
www.holzschindeln.com
www.weiss-holzschindeln.com

4.28
Übergang bewittert/unbewittert im Bereich eines Vordaches. Da die Faserrichtung der Schindel vertikal verläuft und die Unterseiten der Schindel so angeschrägt sind, dass das Wasser am unteren Rand nicht abtropft, sondern direkt auf die darunter liegende Schindel fließt, entsteht eine gleichmäßige Vergrauung.

4.29
Weiche Leibung bei einer Holzschindelfassade. Die Schindeln werden im gleichen Material in die Leibung geführt, so dass die Tiefe wenig auffällt.

4.30
Schindelfassaden eignen sich auch in Verbindung mit modernen Ausstattungselementen, wie z.B. Fassadenkollektoren, Sonnenschutzrollos etc.

4.3 Offen und in Streifen

Lamellenfassaden

Der Wetterschutz ist die wesentliche Funktion einer Fassade. Nun hat sich in den letzten 15 Jahren eine Mode offener Lamellenschalungen entwickelt.

Der Übergang von der offenen Rhombusschalung zur offenen Lamellenschalung ist dabei fließend. Wird bei der offenen Rhombusschalung noch der originäre Zweck des Wetterschutzes verfolgt, so kommen bei einer Lamellenschalung auch andere Funktionen zum Tragen: z.B. der spielerische Umgang mit Licht und Schatten. Die offene Holzfassade ist im Hinblick auf optimale Hinterlüftung und Austrocknung der Leisten konzipiert. Lamellenfassaden unterscheiden sich von offenen Holzfassaden dadurch, dass ihr Fugenanteil wesentlich höher und somit die Wetterschutzfunktion reduziert ist, während gezielte Lichtdurchlässigkeit und Gestaltung der äußeren Hülle als ergänzende Funktionen hinzukommen.

Die Vorarlberger haben die Holzlamelle erfunden. Auch wenn sich diese Behauptung nicht belegen lässt, so sind sie die gefühlten Erfinder, zumindest diejenigen, die gemeinsam mit den Schweizern die größte Kreativität und Leichtigkeit im Umgang mit Fassaden aus Holzlamellen besitzen.

Lamellenfassaden werden vielfach eingesetzt, um der Fassade eine betonte horizontale bzw. vertikale Struktur zu verleihen. Dabei gilt es, sowohl die transparenten wie auch die opaken Flächen zu bekleiden. Bei den transparenten Flächen kommen zwei zusätzliche Aspekte zum Tragen:

- Sonnenschutz, der allerdings nur bei horizontalen Lamellen mit großer Tiefe effizient wirkt,
- Sichtschutz, um den Einblick bei großen Fensterflächen zu vermeiden.

Die Dimensionen der Lamellen und Zwischenräume definieren die Schutzfunktion und Transparenz. Überschlägig lässt sich die Lichtdurchlässigkeit der Lamellen aus den Flächenanteilen von Lamelle und Fuge ermitteln. Trotz gleicher Abmessungen von Lamelle und Fuge gehen bei schmalen Fugen jedoch nahezu $^{2}/_{3}$ des Tageslichtes verloren, weil die Tiefe der Lamelle den Lichteinfall einschränkt. Horizontale Lamellen schlucken mehr Tageslicht als vertikale.

Die Breite der Lamellen sollte 30 mm nicht unterschreiten, da anderenfalls beim Schrauben an den Enden ein Spalten unvermeidbar ist.

Auf horizontal verlaufenden Lamellen bildet sich auf den Oberseiten Staub, der dauerhaft zu Laufspuren an der Fassade führt. Auch oben angeschrägte Rhombusprofile vermeiden diesen Effekt kaum, reduzieren den Lichteinfall jedoch zusätzlich.

Der Abstand der Lamellen zueinander sollte 30 mm nicht unterschreiten, um die Zwischenräume später noch mal reinigen zu können. Bei Abständen von mehr als 120 mm verliert sich der Lamelleneffekt.

Schräg gestellte oder aufgehende Lamellen (s. Abb. 4.34) lassen sich nur auf einer Zahnleiste montieren, deren Herstellung mit modernen computergesteuerten Abbundmaschinen kein Problem darstellt.

Man kann nur jedem Planer und Nutzer empfehlen, sich entsprechende Beispiele vor Ort anzusehen und auf sich wirken zu lassen. Das Anlegen einer Musterfläche am Objekt ist ratsam.

4.31
Lamellenfassade eines Wohnhauses in Rapperswil/Schweiz. Lärchenlamellen 30/30 mm, bei ebenso großem Luftzwischenraum. Die Hinterlüftung beträgt ca. 120 mm.

4.32
Offene Lamellenschalung mit 12 cm Lattenabstand. Hier kann von Wetterschutz keine Rede sein, die Holzleisten erfüllen eher den Tatbestand von Zierrat. Hinter den Lamellen ist zusätzlich eine Holzwerkstoffplatte montiert.

4.33 *oben links und rechts*
links: Der Konferenzsaal des Hotels Martinspark in Dornbirn. Eher die klassische Lamelle, Format 30 x 45 mm hochkant, 25 mm Abstand. Somit werden Sonneneinstrahlung und Tageslicht um $^2/_3$ reduziert.
rechts: Gut geeignet für einen Konferenzsaal: die Verschattung ist für die Tageslichtprojektion notwendig. Schemenhaft können die Aktivitäten außerhalb des Gebäudes wahrgenommen werden, ohne dass die Konferenzteilnehmer abgelenkt werden.

4.34 *unten links und rechts*
Ein kleines Wohnhaus in Lochau/Vorarlberg mit einer der raffiniertesten Holzfassaden des Vorarlbergs. Sich von unten nach oben stufenlos öffnende Lamellen bieten im Erdgeschoss Sichtschutz und vom Obergeschoss aus freie Sicht auf den Bodensee. Da sich die Lamellen im OG ca. 60 cm vor der eigentlichen Glasfassade befinden, entsteht eine begehbare Hinterlüftungebene: zum Putzen, zum Aufstellen von Wäscheständern und zum Schutz vor Schlagregen.

4.35 *oben links und rechts*
Längsgestreift stellt sich das Gemeindezentrum in Bludesch dar: die Vertikallamelle 12,5/3 cm ist Gestaltungselement, Sicht- und Sonnenschutz, wirkt jedoch nicht als Blendschutz bei tiefstehender Sonne.

4.36
Bei schmalen Latten kann auch jede zweite weggelassen werden.

4.37
Überfälzte Horizontalschalung mit zwei verschieden breiten Profilen. Die schmaleren Profile laufen auch im Bereich der Fenster weiter, um die Horizontale zu betonen.

Lamellen als strukturbetonendes Element
Lamellen werden häufig auch vor Fenstern angeordnet, um die Verlegerichtung der Fassadenhölzer zu betonen und gleichzeitig die Fensteröffnungen optisch zurückzunehmen. Wenn man den erheblichen Tageslichtverlust bewusst einkalkuliert, können dadurch reizvolle Gestaltungselemente entstehen. Von innen werden die Lamellen deutlich weniger wahrgenommen als von außen.

5 Anschlüsse und Übergänge

5.1
Vertikale Schalung. Die Eckausbildung ist bei allen Varianten einfach, ebenso die Ausbildung der Fensterleibung. Selbst radikale Ecklösungen, wie die bis an die Gebäudeecke gerückte Festverglasung des Bregenzer Segelclubs, sind ohne Anschlussprobleme möglich.

Jede Holzfassade ist nur so gut wie die Ausbildung ihrer Details. Das trifft besonders auf kleinflächige Fassaden zu, bei denen sowohl das Erscheinungsbild wie auch der Arbeitsaufwand von den Anschluss- und Übergangspunkten bestimmt wird. Dabei stehen die Anschlüsse in direkter Abhängigkeit zur Verlegeart: vertikal verlegte Fassaden sind in der Detailausbildung besser zu planen und auszuführen, da vor allem Eckausbildungen und Leibungen wesentlich einfacher auszuführen sind als bei der horizontalen Verlegeart, bei der an allen Stößen das Problem der sichtbaren bzw. ungeschützten Hirnholzflächen zu lösen ist.

Folgende Anschlusspunkte bzw. Übergänge sind von Bedeutung:

- Außen- und Innenecken,
- Anschlüsse an Fenster und Türen,
- Sockelausbildung,
- Anschlüsse an das Dach,
- Anschlüsse an andere Fassadenarten.

5.1 Außen- und Innenecken

Vertikale Verlegung

Die Außenecke bei vertikaler Verlegung ist der am problemlosesten auszuführende Detailpunkt: Die Bretter werden an der Ecke stumpf gestoßen. Je nachdem, ob man mit einem ganzen Brett oder einem halben endet, lassen sich verschiedene, wenig arbeitsintensive Varianten ausbilden. Ein zusätzliches Eckprofil ist in der Regel konstruktiv nicht erforderlich. In dieser Unauffälligkeit liegt der Reiz.

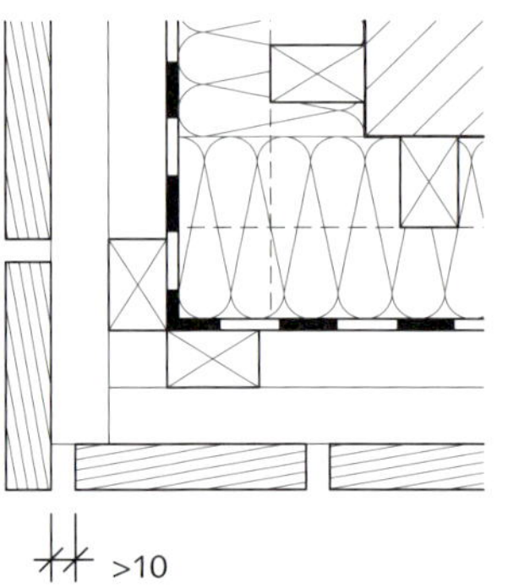

5.2
Eckausbildung mit vernagelten Eckbrettern bei Boden-Deckel-Schalung (schmale Böden, breite Deckel).

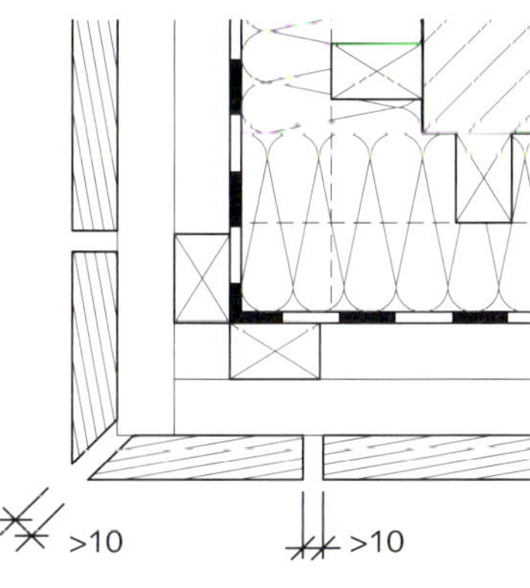

5.3 *links und Mitte*
Eckausbildung einer offenen Vertikalschalung mit drei unterschiedlichen Brettbreiten. Die Eckbretter sind auf Gehrung geschnitten und ebenfalls auf Fuge verlegt. Durch das Ausbilden von sogenannten Schattenfugen lässt sich das spätere Arbeiten des Holzes kompensieren.

5.4 *rechts oben und Mitte*
Eine-Welt-Kirche in Schneverdingen /Niedersachsen. Eckausbildung einer profilierten Brettstapelfassade. Die verzinkten Stahlwinkel dienen der konstruktiven Verschraubung der Fassaden-Elemente wie auch als Gestaltungselement.

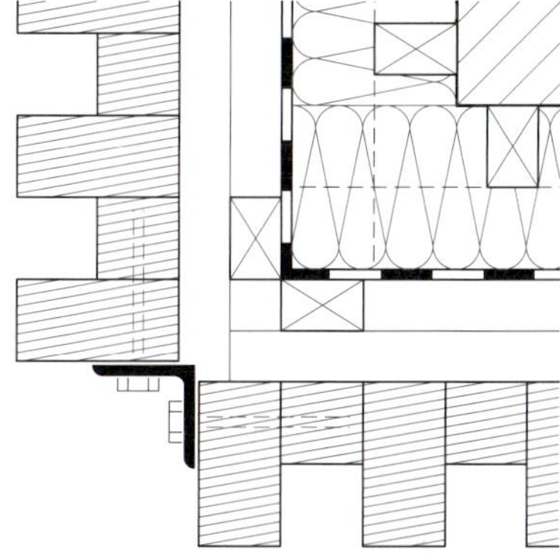

Horizontale Verlegung

Die Eckausbildung bei horizontal verlegten Brettern ist, im Vergleich zur vertikalen Verlegung, nicht nur dominanter im Erscheinungsbild, sondern stellt auch teilweise hohe Anforderungen an die Ausführungsqualität. Die handwerkliche Maximalanforderung – eine zweiseitig fugenlos auf Gehrung geschnittene Ecke – findet man fast ausschließlich bei Bauten in der Schweiz und in Vorarlberg, also in den Regionen, in denen die zurzeit besten Holzfassaden gebaut werden.

Voraussetzung für eine solche Lösung sind schmale Bretter (max. 7 cm Breite) aus gut abgelagertem Kernholz. Breitere Bretter *schüsseln* im Laufe der Jahre. Da Lärchenleisten bei starker Sonneneinstrahlung

5.5 *unten und rechts*
Eckausbildung mit übergenageltem Winkelprofil bei einer Boden-Deckel-Schalung.

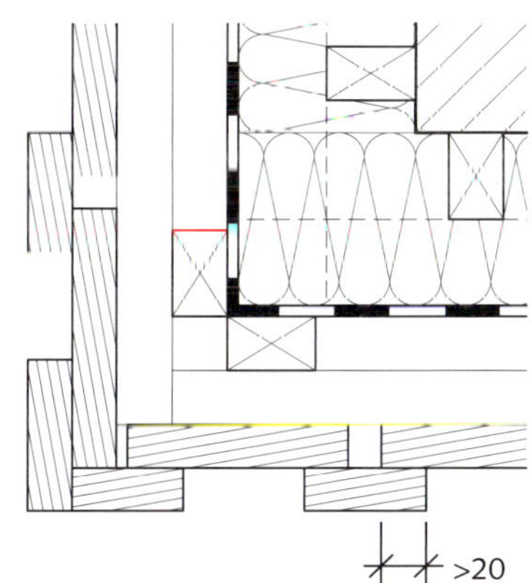

5.6 *links*
Auf Gehrung dicht gestoßene offene Holzfassade an einem Restaurant in Hard/Vorarlberg: unmittelbar vor dem Stoß verschraubt, um die Leisten dicht ziehen zu können. Dies ist nur mit schmalen Lärchenleisten (2 x 7 cm) möglich, da sich breitere Bretter schüsseln, ist aber insgesamt eher eine Tischlerarbeit als die eines Zimmermanns. Eine solche Lösung kann bei unbehandelten Hölzern problematisch sein, da das Hirnholz an den Stößen Wasser zieht.

5.7 *oben*
Eckausbildung einer Stülpschalung mittels Gehrungsschnitten. Die Gehrung muss auf zwei Ebenen ausgeführt werden: eine 45°- Schmiege in horizontaler Richtung sowie eine zweite Schmiege entsprechend der Neigung der einzelnen Bretter (ca. 80°). Trotz des hohen Arbeitsaufwandes entsteht auf Dauer durch das unterschiedliche Schüsseln der einzelnen Bretter eine unregelmäßige Fuge.

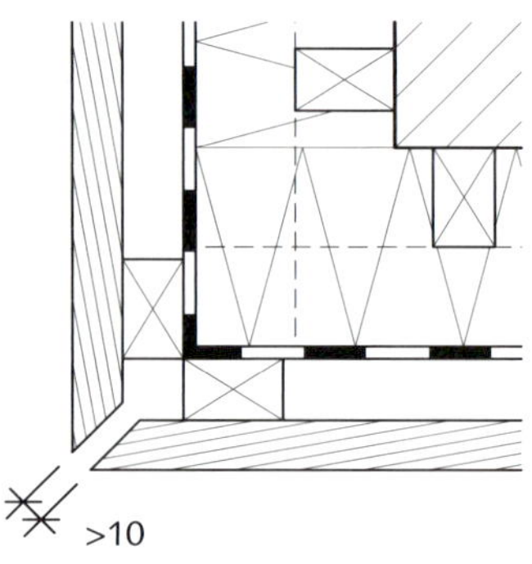

5.8 *Mitte links*
Rhombusschalung, auf Gehrung geschnitten, mit offener Ecke und offenen vertikalen Fugen. Die gesamte Fassade ist in handliche Längen gegliedert, was die handwerkliche Ausführung begünstigt.

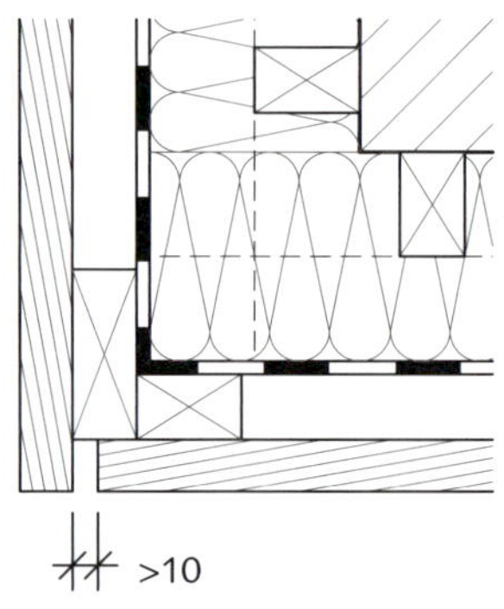

5.9 *unten links*
Eckausbildung einer Horizontalschalung mit Schattenfuge. Die Fassadenbretter sind mit jeweils zwei Schrauben befestigt, um das *Schüsseln* der Brettenden zu verhindern.

dazu neigen, krumm zu werden, sollte die Unterkonstruktion in einem Abstand von max. 60 cm ausgeführt sein, um dauerhaft eine gleichmäßig breite Fuge zu gewährleisten. Gerade für kurze Holzlängen gilt: Mindestens drei Befestigungspunkte – zwei an den Enden, einer in der Mitte, ansonsten mutieren die Bretter zu Flitzebögen!

Bei farblich behandelten Fassaden sind stumpfe Stöße nur dann möglich, wenn auch das Hirnholz sorgfältig imprägniert wird.

Die handwerklich einfachere Methode besteht darin, ein Eckprofil vorzusehen, z.B. in Form eines dominanten Eckelements aus Holzleisten oder auch in Form einer filigranen Eckschutzschiene aus Metall.

Das brettübergreifende, aus zwei rechtwinklig zusammengefügten Leisten bestehende Eckprofil ist die traditionelle und

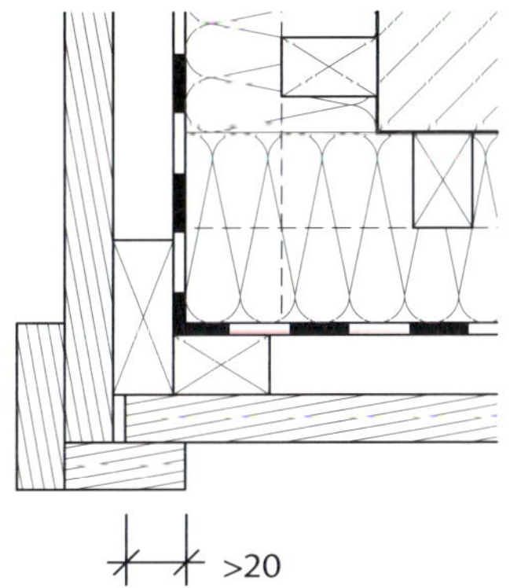

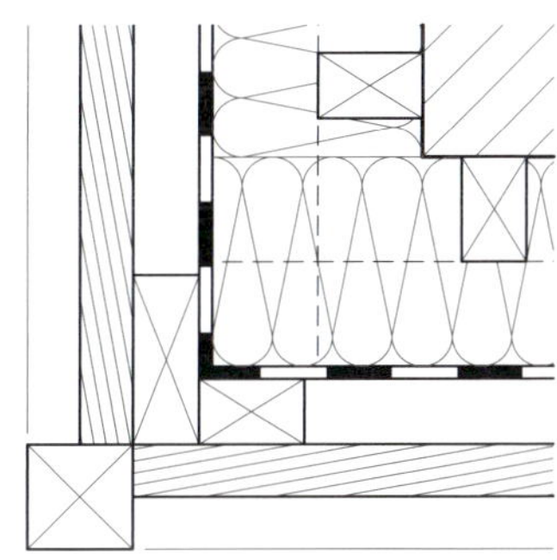

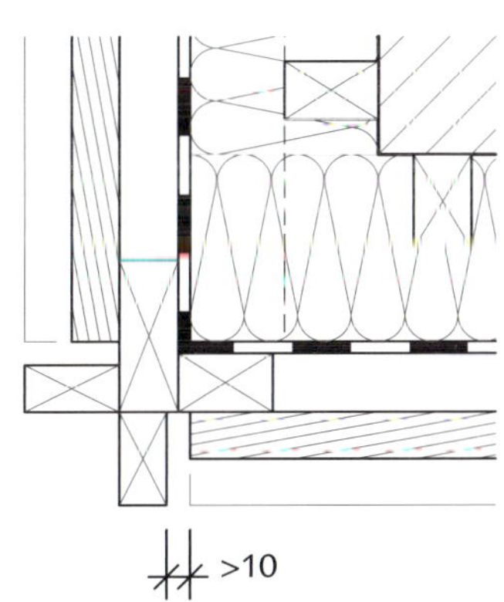

5.10 *oben*
Traditionelle Eckausbildung bei skandinavischen Holzhäusern. Das Eckprofil wird einfach über den Holzstoß als Abdeckprofil genagelt. Die weiße Farbe betont die Ecke zusätzlich.

5.11 Mitte
Klassisches Eckprofil einer ungehobelten Stülpschalung. Eine Latte von 4/4 cm deckt den mehrdimensonalen Stoß ab. Eine Fuge lässt sich bei dieser Lösung nicht herstellen, da das Eckpofil diagonal mit der Unterkonstuktion verschraubt werden muss und somit auf den Halt an den Flanken angewiesen ist.

5.12 unten
Eckpofil aus 2 aufgesetzten Leisten 2/4 cm als filigrane gestalterische Variante.

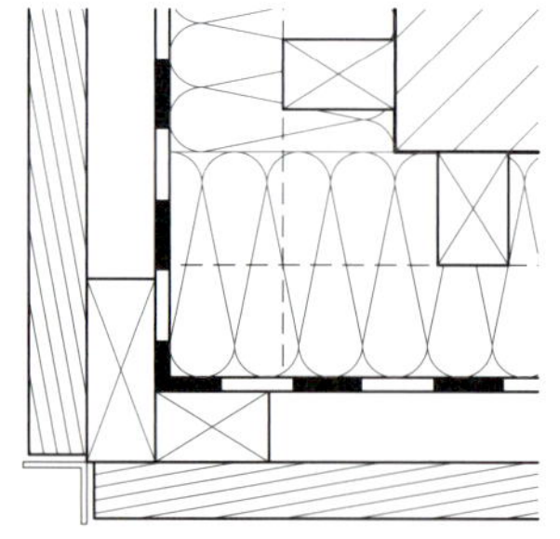

5.13 *oben*
Manchmal kann man die Wahl des Eckprofils (hier: quadratisches Holzprofil oder Aluminium-L-Profil) bis zur Ausführung offen halten und nach Fertigstellung der Bekleidung ein passendes Profil aussuchen.

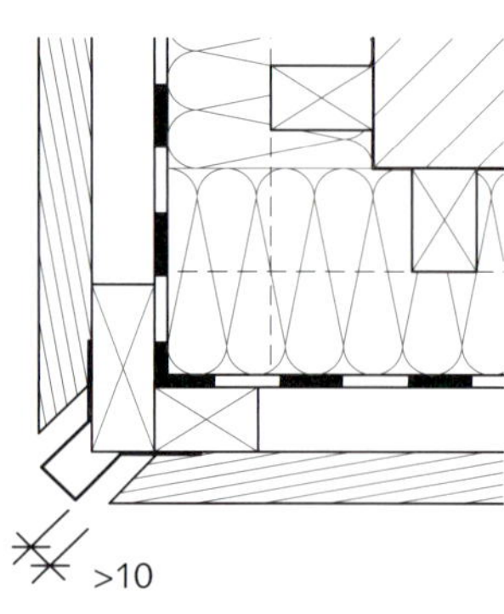

5.14 *Mitte*
Hellgrau lasierte offene Rhombusschalung mit gekantetem Eckprofil aus lackiertem Stahlblech.

5.15 *unten links und Mitte*
Eckausbildung einer horizontal verlegten Schalung. Ein schlankes Zinkblechprofil definiert die Ecke. Die Bretter sind mit einer 1 cm Schattenfuge an das Profil angearbeitet.

5.16 *unten rechts*
Horizontalecke wie links, nach einigen Jahren der Bewitterung.

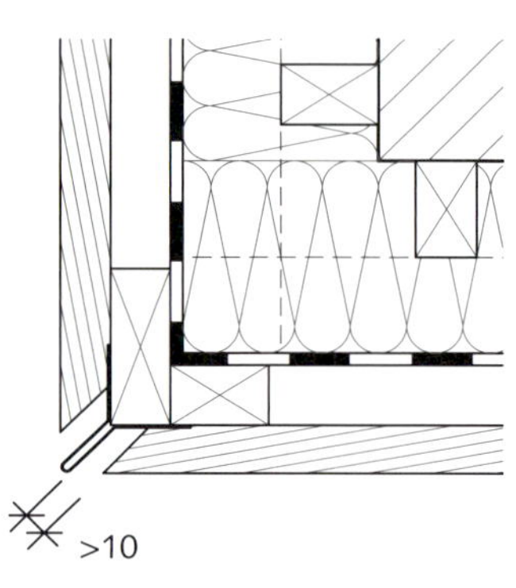

handwerklich einfachste Lösung – das Eckprofil überdeckt die Brettenden, so dass Ungenauigkeiten beim Ablängen der Bretter kaschiert werden können.

Seitdem aber jeder Holzbaubetrieb über eine Kapp- und Gehrungssäge verfügt, ist das millimetergenaue Ablängen von Brettern selbstverständlich geworden. Somit haben sich auch im Holzfassadenbau präzise ausgeführte, anspruchsvollere Detailpunkte durchgesetzt.

Noch ein Hinweis für die Planung: Die Eckausbildung gehört neben den Fenstereinfassungen zu den optisch bestimmendsten Details einer Holzfassade. Daher sollte die Gestaltung der Ecken immer mit allen anderen sichtbaren Anschlussdetails abgestimmt werden.

Innenecken

Im Vergleich zur Außenecke ist die Innenecke problemlos auszuführen und gestalterisch nicht sonderlich relevant. Normalerweise werden stumpfe Stöße mit einem Abstand von ≥ 10 mm ausgeführt. Hirnholz ist bei der Innenecke nicht sichtbar. Das gilt auch dann, wenn im Bereich der Innenecke ein Materialwechsel stattfindet. Lediglich bei der Stülpschalung ist eine Eckleiste vorzusehen, um einen Blick in die dreieckigen Hohlräume zu verhindern.

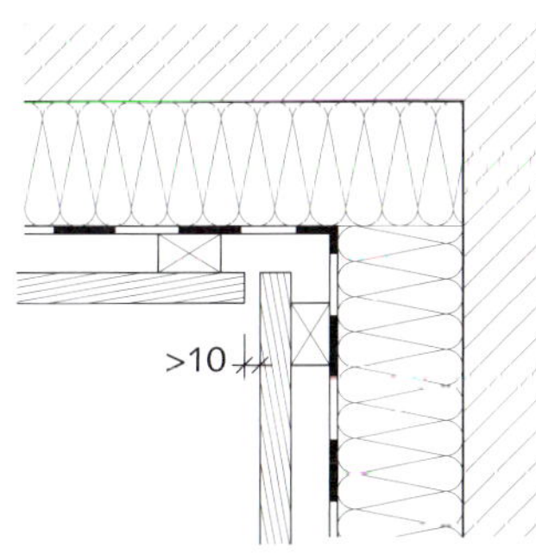

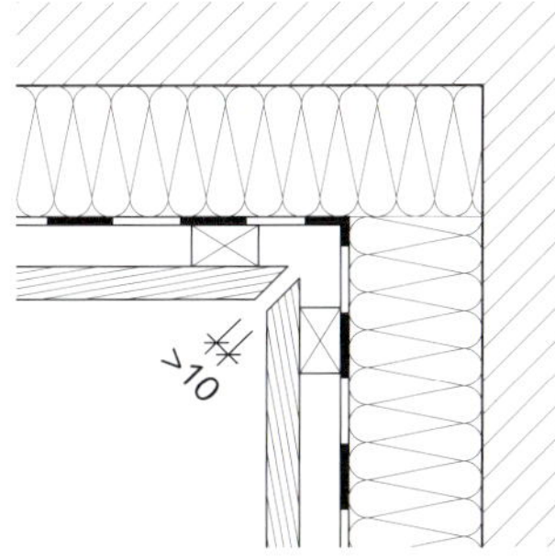

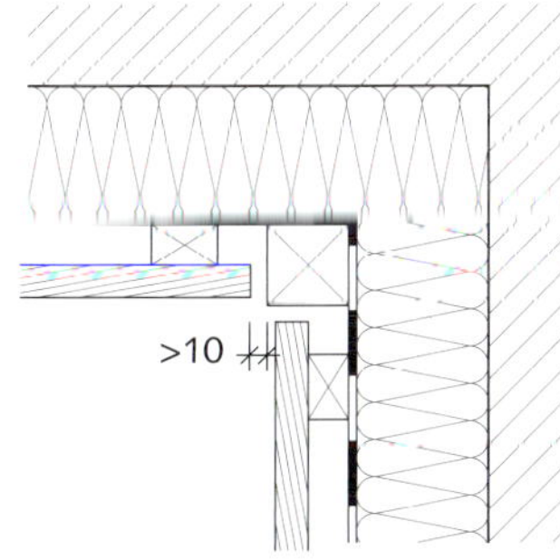

5.17
Außen- und Innenecke einer Stülpschalung sowie unterer Übergang zur Putzfassade. Die farbig abgesetzten Leisten an der Außenecke sind angemessen, an der Innenecke wäre eine in der Fassadenfarbe gestrichene Leiste angemessener.

5.18 *linke Spalte*
Innenecken können prinzipiell ähnlich ausgeführt werden wie Außenecken: hier stumpf gestoßen bzw. auf Gehrung geschnitten mit Spalt.

5.19
Innenecke mit Eckholz.

5.2 Sockelpunkte

Der Sockel gehört zu den am meisten gefährdeten Anschlusspunkten einer Holzfassade. Selbst ein großer Dachüberstand vermag den Sockel praktisch nicht schützen, da die Schlagregenbelastung höchstens auf den ersten 2 – 3 Metern unterhalb des Daches wirksam reduziert wird. Ferner besteht im Sockelbereich die höchste Belastung durch herabfliessendes Wasser. Eine zusätzlich hohe Belastung erfolgt jedoch durch Spritzwasser vom Boden, wodurch das Holz auch von unten mit Feuchtigkeit in Berührung kommt.

Die Spritzwasserbelastung kann aber durch konstruktive Maßnahmen weitgehend vermieden werden, indem der Sokkel aus verrottungsfestem Material (z.B. Mauerwerk, Beton oder Faserzementplatten) hergestellt wird und die Holzschalung folgende Mindestabstände zur Oberkante Terrain einhält:

- mindestens 30 cm bei harten Untergründen (z.B. Betonpflaster), bei starker Regenbelastung und glatten Böden bis 50 cm,
- mindestens 15 cm bei einer mindestens 200 mm breiten Kiesschüttung (mindestens 16/32 mm Korngröße),
- mindestens 2 cm bei Rinnen mit Metallrosten. Die Roste müssen zur Reinigung der darunter liegenden Rinnen herausnehmbar sein.

Der Sockelbereich sollte frei von Pflanzen bleiben, da das hier ohnehin stark belastete Holz durch erhöhte Feuchtigkeit noch stär-

5.20
Gegenüber der Holzfassade vorspringender Betonsockel, der dem Gebäude eine optische Bodenhaftung verleiht. Durch eine ca. 30° gefaste Kante kann Regenwasser nicht direkt an die Fassade zurückspritzen.

5.21
Vernünftige Sockellösung: Das breite Kiesbett (Kies 16/32) ermöglicht es, das unterste Sockelbrett bis auf 15 cm an das Terrain heranzuführen, zusätzlich kann das unterste Brett auch problemlos ausgetauscht werden.

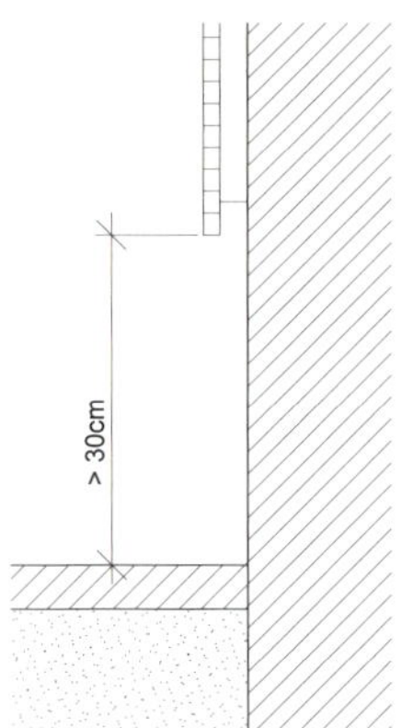

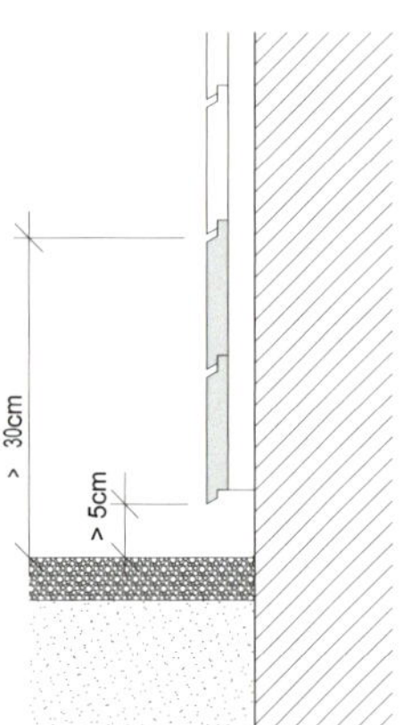

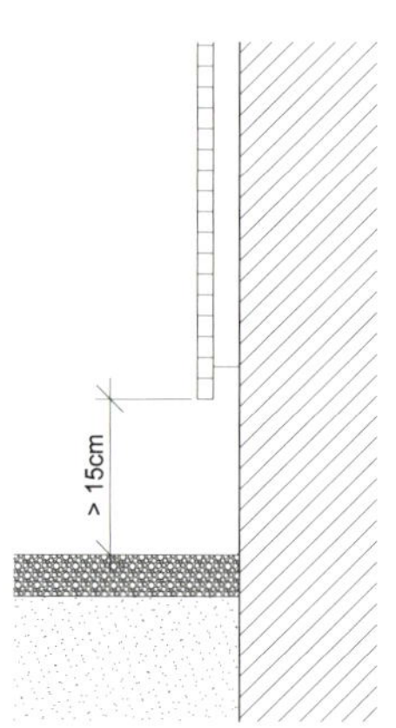

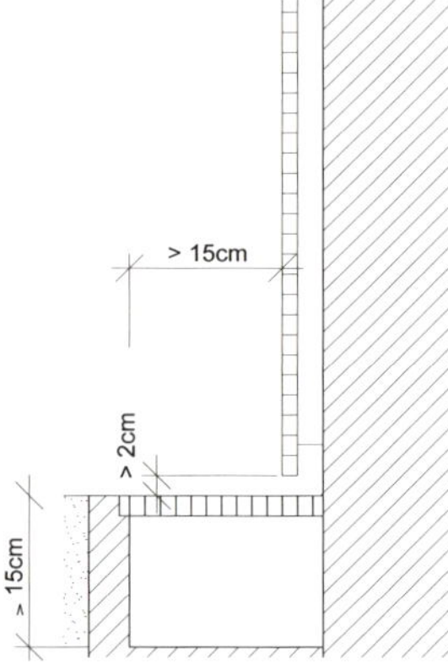

5.22 : Je nach Untergrund sind verschiedene Abstände vom Boden einzuhalten.

ker verrottungsgefährdet ist. Auch hochspritzender Humusboden führt zu erhöhter Verschmutzung und ist so der Dauerhaftigkeit der Sockelbretter nicht zuträglich.

Kletterpflanzen, insbesondere Efeu, dringen in alle Fugen und Risse einer Holzfassade ein. Hierdurch entsteht nicht nur eine erhöhte Holzfeuchte an der Fassade, eventuell wird auch die dahinter liegende Folie und Dämmschicht punktuell durchwachsen. Auch wenn ein Bewuchs die Fassade belebt, sollte ein unkontrolliertes Wachstum rechtzeitig verhindert werden.

Grundsätzlich lassen sich Fassdensokkel vor- oder zurückspringend ausführen. Massive (Beton- oder Mauerwerks-) Sockel können, oben 15 - 30° abgeschrägt, gegenüber der Fassade vorspringen.

Vorspringende Sockel schützen die untere Fassadenecke vor mechanischen Beschädigungen und sind leichter sauber zu halten.

Der zurückspringende Sockel kann sowohl massiv wie aus fäulnisresistenten Plattenwerkstoffen ausgeführt werden. Verwendet man z.B. 6 - 8 mm starke Faserzementplatten, so werden diese wie die Brettbekleidung an der gleichen Unterkonstruktion (aber hinter der Grundlattung) verschraubt. Hierbei ist zu beachten, dass die Dämmung hinter der Sockelplatte aus feuchtigkeitsbeständigem Material besteht (geschlossenzelliger Hartschaum, Schaumglas o.ä.). Eine Hinterlüftung des Sockels ist dann in den meisten Fällen nicht erforderlich.

Entscheidend für die Ausführung ist letztlich der konstruktive Anschluss an die aufgehende Wand, Kellerdecke oder Sohlplatte. Eine an dieser Stelle potentiell mögliche und schadensanfällige Wärmebrücke ist zu vermeiden.

Die wasserführende, diffusionsoffene Folie hinter der Holzbekleidung muss in jedem Fall so geführt werden, dass das Wasser vor dem Sockel abgeführt werden kann.

5.23 *oben*
Hier wurde die Sockelhöhe gerade falsch herum ausgeführt: Der Abstand zur Kiesschüttung müsste nur halb so groß sein wie der hier zu geringe Abstand zum Betonpflaster.

5.24
Metallroste unterhalb des Sockels reduzieren die Spritzwasserbelastung am effektivsten. So bleibt nicht nur das Holz schadensfrei, sondern auch der Faserzementsockel frei von Verschmutzungen.

5.25
So reizvoll der Übergang der Holzfassade zur Vegetation auch sein mag, die ständige Durchfeuchtung der Sockelbretter ist vorprogrammiert. Selbst bei dauerhaften Holzarten müssen die unteren beiden Bretter alle 10 - 15 Jahre ausgewechselt werden.

5.3 Horizontale und vertikale Stöße

Horizontale und vertikale Gliederung der Fassade

Es sind im Wesentlichen zwei Gründe, die eine Gliederung der Fassade nahe legen oder erforderlich machen:

- konstruktive Erfordernisse aufgrund begrenzter Materialabmessungen sowie das Bemühen um eine praktikable Bauausführung,
- gestalterische Aspekte und der Wunsch nach einer Gliederung größerer Flächen.

Fassadenbretter werden ab einer gewissen Länge schlichtweg unhandlich. Wenn man davon ausgeht, dass der Bau einer Holzfassade eine Arbeit für zwei Personen ist, so lassen sich Bretter bis drei Meter Länge vernünftig schneiden und montieren. Allein aus diesem Grunde bietet sich eine Strukturierung der Fassade an.

Je nach gestalterischer Absicht können die Stöße betont oder auch eher unauffällig ausgeführt werden. Wenn die Fassade als ganze Fläche wirken und keine geregelte Fugenstruktur erhalten soll, dann sind bei jeder Verlegeart auch brettweise versetzte, fliegende Stöße möglich. Die Bretter müssen an den Stößen mit einer Latte hinterlegt sein, an der die Brettenden befestigt werden können. Zu lange und feuchte Bretter neigen bei Lagerung in der Sonne dazu, krumm zu werden. Solche Bretter lassen sich nur mit viel Aufwand an der Fassade gerade zwingen. Jeder Stoß stellt sowohl einen Schwachpunkt wie auch einen Kostenfaktor bei einer Fassade dar.

5.26 *unten links*
Detail eines Kreuzungspunktes, der mehr ist als nur reines Gestaltungselement: horizontale Gliederung der Fassade durch ein Zinkblech-Z-Profil und flächenbündige Einbindung des Fallrohres.

5.27 *unten rechts*
Ferienhäuser in Hvide Sande/DK mit lasierter Boden-Deckel-Schalung. Eine klare Bauform mit horizontaler und vertikaler Gliederung und passenden Fassadendetails. Vertikal wird die Fassade durch das flächenbündig integrierte Fallrohr gegliedert, horizontal durch ein Z-Profil in Höhe der Erdgeschossdecken. Je Geschoss wird nur eine Brettlänge benötigt.

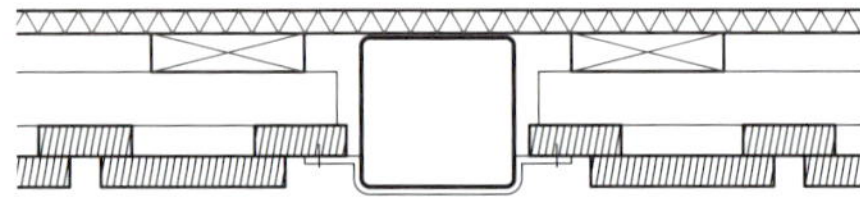

Horizontale Stöße

Horizontale Stöße von Vertikalschalungen werden in der Regel auf Höhe der Geschossdecken angelegt und gliedern so das Gebäude. Das bietet es sich auch aus Gründen der wesentlich einfacheren Verarbeitbarkeit an. Fliegende horizontale Stöße sind gleichmäßig oder ungleichmäßig auf die ganze Fassadenfläche verteilt, so dass je nach Ausbildung des Stoßes eine ruhige Gesamtfläche oder aber eine gewollte Struktur entsteht.

Die Fachregeln sehen folgende Möglichkeiten vor (siehe Abb. 5.28)

- Überlappung der oberen Bekleidung, bzw. Hervorstehen des oberen Brettes um mindestens eine Brettdicke
- Abdecken des unteren Brettes mit einem Z-Profil (Zinkblech, Aluminium, Edelstahl) oder eines Abdeckbrettes (Verschleißteil, siehe 5.66) Neigung ≥ 15°, Mindestfugenbreite 5 mm
- Offene Fuge mit einer Hinterschneidung der Bretter von 15°.

Z-Profile und Abdeckbretter führen automatisch zu einer horizontalen Gliederung der Fassade, überlappende und offene Stöße können grundsätzlich auch fliegend ausgeführt werden. Offene Stöße sollten nur bei unbeschichteten Fassaden verwendet werden, ein Mindestabstand von 10 mm ist zu empfehlen.

5.29 *oben rechts*
Horizontaler Stoß mit versetzter Fassadenebene. Die Unterkonstruktion der Schalung ist im Obergeschoss um eine Brettdicke verstärkt, so dass die oberen Bretter über die unteren fassen. Zusätzlicher Vorteil: Der obere Anschluss der unteren Bretter muss nur bedingt maßhaltig ausgeführt werden.

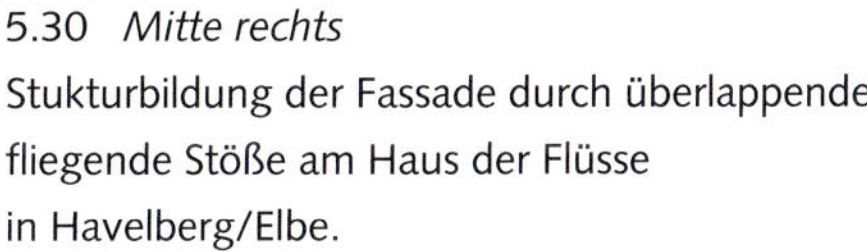

5.30 *Mitte rechts*
Stukturbildung der Fassade durch überlappende fliegende Stöße am Haus der Flüsse in Havelberg/Elbe.

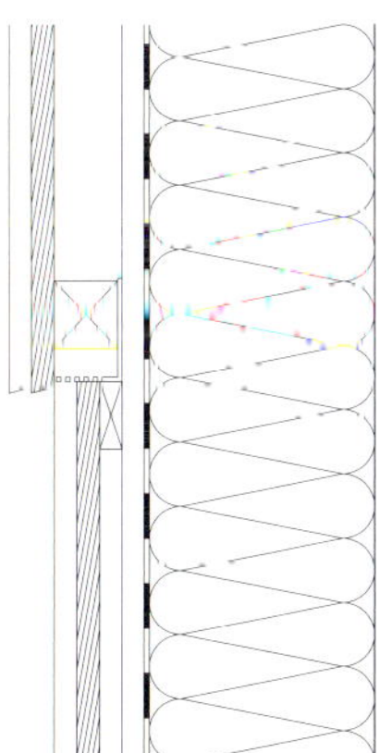

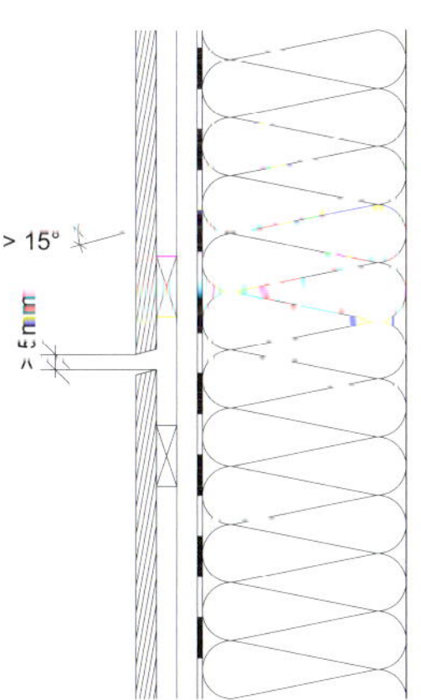

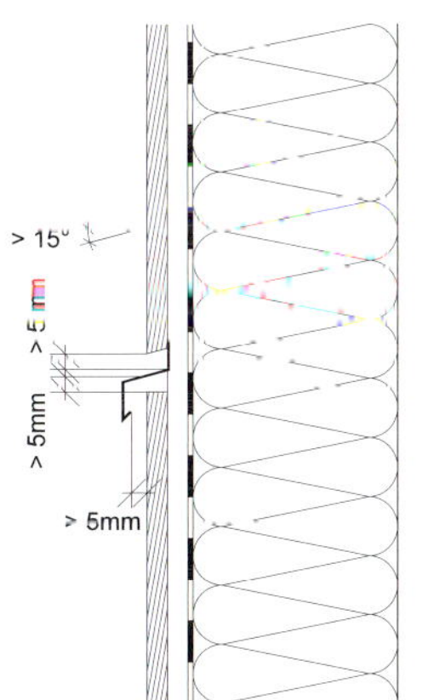

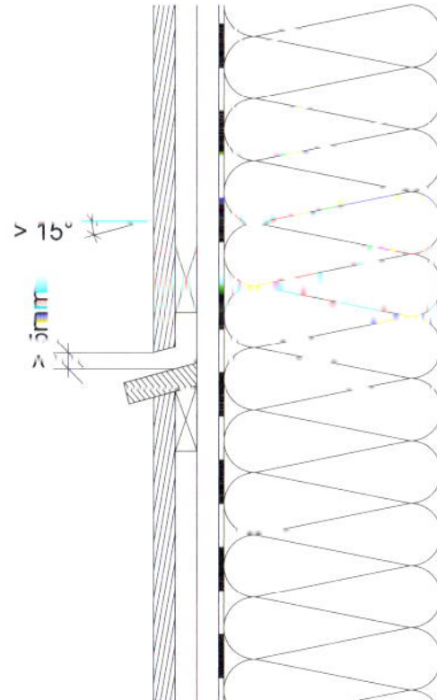

5.28: Varianten von horizontalen Stößen.

5.31 *links*

Fliegende Stöße mit Fugen an einer gehobelten, unbehandelten Nut-Feder-Schalung.

5.32 *Mitte links*

Betonte Strukturfuge an einer lasierten Holzfassade. Das Fugenbild ist so gewählt, dass auch die Öffnungen sorgfältig einbezogen sind.

5.33 *unten links*

Lange Fassaden lassen sich durch betonte Vertikalstöße gliedern. Eine eingefügte Profilleiste stellt dabei die handwerklich einfachste Lösung dar.

5.34 *unten Mitte*

Stoßausbildung im Detail: Die sägeraue Dachlatte 4/6 cm passt zur Schalung. Die beidseitigen Schattenfugen ermöglichen nicht nur ein schnelles Austrocknen der Brettenden, sondern erlauben auch den Ausgleich leichter Maßungenauigkeiten.

5.35 *unten rechts*

Detail: Stoßausbildung

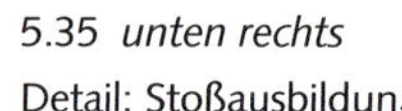

Vertikale Stöße

Alle horizontalen Verlegungen machen Vertikalstöße in der Fassadenfläche notwendig. Auch hier führt man diese wieder möglichst unauffällig aus oder betont sie durch eine rasterartiges Fugenbild. Solche Fugen können durch ein Profil zusätzlich betont werden.

Die häufigste Form der Fugenausbildung stellt der *fliegende* Stoß dar. Dabei werden die Fassadenbretter unregelmäßig versetzt gestoßen, so dass im Gesamteindruck möglichst durchlaufende waagerechte Linien entstehen. Geschlossene vertikale Stoßfugen sind gem. Fachregeln zulässig, bei beschichteten Brettern jedoch nur dann, wenn die Schnittkante mindestens einmal beschichtet wurde. Es empfiehlt sich aber, zwischen den einzelnen Brettern eine Fuge von 10 mm auszubilden, damit keine stehende Feuchtigkeit in das Hirnholz einziehen kann. Der Stoß muss jedoch auf der senkrechten Traglattung bzw. im Abstand von max. 50 mm erfolgen.

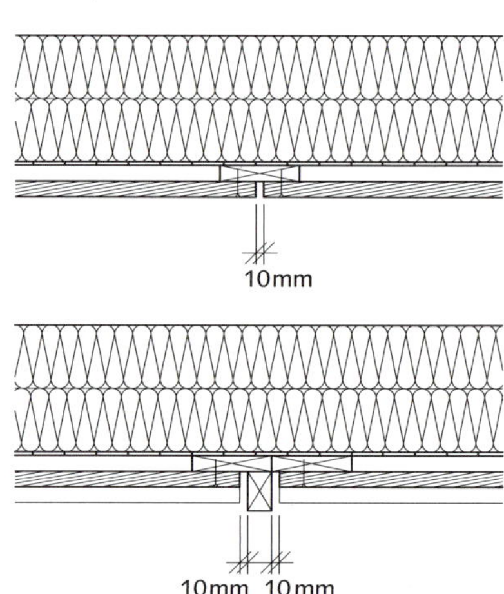

5.4 Übergang zu anderen Fassadenteilen

Horizontale Übergänge

Eine häufig praktizierte Lösung besteht darin, im oberen Teil des Hauses eine Holzfassade zu montieren, im Erdgeschoss jedoch eine andere Art von Fassade (z.B. Putz) auszubilden. Diese Variante hat einige Vorteile:

- Die Fassade im Erdgeschoss besteht aus einer Ziegel- oder Putzfassade und ist somit weniger anfälliger gegen mechanische Beschädigungen.
- Der feuchtigkeitsgefährdete Sockelbereich lässt sich bei einer Ziegel- oder Putzfassade einfacher und dauerhafter gestalten, es ist kein zusätzlicher Materialwechsel im Übergang zum Terrain notwendig.
- Ein wirksamer Wetterschutz durch den Dachüberstand ist im unteren Bereich kaum zu erreichen, die Wartungshäufigkeit der Holzfassade kann dadurch auf etwa die Hälfte reduziert werden.

Bei dem Fassadenübergang gibt es zwei Standardsituationen:

- Auf dem Mauerwerk ist ein Wärmedämmverbundsystem (WDVS) angebracht, bei gleicher Dämmstärke hinter der Holzfassade springt diese gegenüber dem Mauerwerk vor.
- Bei Ziegelmauerwerk mit Vormauerung ist aufgrund der höheren Materialstärke des Vormauerwerks eine Blechverwahrung im Übergang erforderlich.

Bei beiden Übergängen ist ein kontrollierter Wasserablauf auszubilden. Beim Übergang zum WDVS ist besonders darauf zu achten, dass die diffusionsoffene Folie *über* die darunter liegende Putzschicht geführt wird, so dass kein Wasser hinter die Putzschicht eindringen kann. Im Winter wären sonst Frostschäden im Putz unvermeidbar. Es ist ratsam, zuerst das Wärmedämmverbundsystem auszuführen und erst danach die Holzfassade zu befestigen. Dabei sollte der Putz ca. 5 cm höher als Unterkante Kleintierschutzgitter ausgeführt werden, damit die wasserabweisende Bahn überlappend montiert werden kann (siehe Abb. 5.38).

5.36
Übergang Holzfassade an Putzschicht. Wenn die Putzschicht zuerst ausgeführt wird, entsteht ein sauberer Übergang zur Holzfassade.

5.37
Horizontaler Übergang von einer Holzfassade auf eine vorspringende Ziegelfassade mittels Zinkblechabdeckung. Zwischen Holzunterkante und Blech muss ein ausreichender Abstand vorhanden sein, damit das Wasser abtropfen kann.

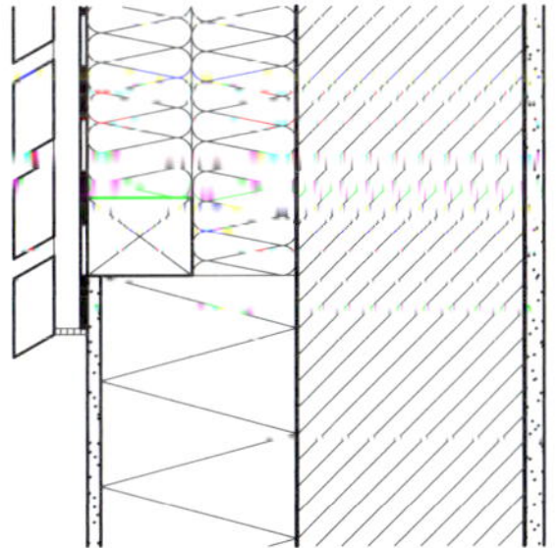

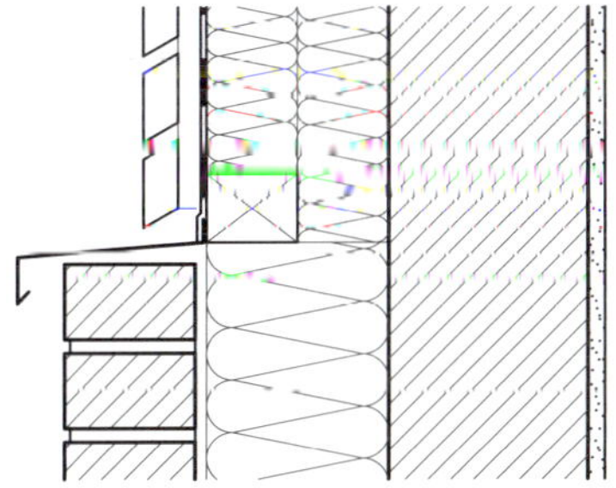

5.38: Schnitt durch verschiedene Fassadenübergänge.

Eine Ziegelfassade ist in Bezug auf eindringende Feuchtigkeit robuster, die Mauerwerkskrone ist jedoch mit einem Zinkblech-Z-Profil oder mit einem Alu-Fensterbankprofil abzudecken. Die diffusionsoffene Folie muss außen über den oberen Schenkel geführt werden.

5.39
Übergang von Holzfassade zu Plattenwerkstoff. Ein schmales Eckbrett dient zum Ausgleich der unterschiedlichen Material- und Aufbaustärken.

Vertikale Übergänge

Der vertikale Übergang zu anderen Fassadenarten ist unproblematisch. Er wird in der Regel als stumpfer Stoß ausgeführt, am besten mit einer Fuge von ca. 1 cm zum anschließenden Werkstoff. Entscheidend ist eher, dass die wasserabweisenden Ebenen hinter der Fassade (diffusionsoffene Folie, DWD-Platte o.ä.) wind- und regendicht miteinander verklebt werden.

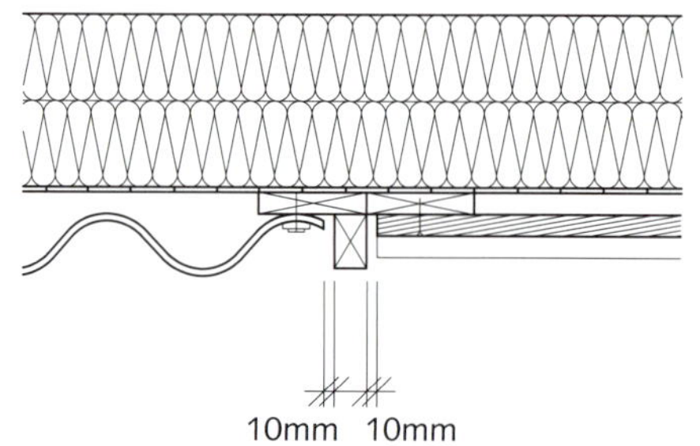

5.40
Übergang einer Stülpschalung zu einer Faserzementwellplatte. Da beide Materialien unterschiedliche Strukturen aufweisen, ist eine vertikale Distanzleiste notwendig, um den notwendigen Höhenausgleich herzustellen.

5.5 Dach- und sonstige Anschlüsse

Die Übergänge an Traufen und Ortgängen sind in der Regel von der Ausformung der sich anschließenden Bauteile abhängig. Beim Übergang zu einem Dachüberstand bzw. zur Dachrinne sind *stumpfe* Anschlüsse üblich, d.h. die Fassadenbretter werden bis an das folgende Bauteil herangeführt, jeweils nur durch eine mindestens 10 mm breite Schattenfuge getrennt, so dass Wassertropfen abreißen können.

Wird der obere Fassadenabschluss durch ein überlappendes Dachrandprofil gebildet, so muss kein präziser Holzabschluss erfolgen – je nachdem wie weit der Schenkel überlappt, sind doch 1 - 2 cm Spielraum vorhanden. Insbesondere beim Ortganganschluss eines geneigten Daches müssen alle Brettenden passend zugeschnitten werden, unabhängig davon, ob die Verlegung horizontal oder vertikal erfolgt.

5.41
Anschluss einer vertikalen Boden-Deckel-Schalung an ein geneigtes Dach. Das Dachrandprofil und die Dachrinne ermöglichen ein Unterschieben der Bretter ohne exakten Zuschnitt.

5.42
Fassadenanschluss im Bereich Traufe und Ortgang bei allseitigem Dachüberstand. Die Fassade reicht bis auf ca. 5 cm an den Unterschlag (Sperrholzplatte) heran, so dass die Fuge mit dem schwarzen Insektengitter versehen werden kann. Allerdings erfordert ein solcher Anschlusspunkt einen exakten Zuschnitt der Bretter, angepasst an die Kontur des Ortgangs.

5.43
Flachdach und Eckanschluss mit konventionellem Flachdachprofil h = 80 mm und Aluminium-L-Profil 35/35 mm. Alle Anschlusspunkte einer Holzfassade sollten sorgfältig aufeinander abgestimmt werden.

5.44
Oberer Fassadenabschluss zum Pultdach. Die Fassade schließt unterhalb der Dachkonstruktion mit einem Fensterbankprofil ab. Die Trennung zur Dachhaut bildet eine ca. 30 cm breite Holzwerkstoffplatte – somit schwebt das Dach optisch über dem Haus.

5.6 Fensteranschlüsse

Je nach Verlegeart und –richtung kommen verschiedene Leibungsausführungen in Betracht, die nicht nur die Gestaltung des Fensters und der gesamten Fassade bestimmen, sondern sich auch im handwerklichen Aufwand und der Dauerhaftigkeit unterscheiden. Wie schon bei den Eckausbildungen sind auch hier die handwerklichen Fertigkeiten des Handwerkers von Bedeutung. Die Leibungsausbildung ist bei vertikaler Verlegung wesentlich einfacher auszuführen, da kein Hirnholz zu schützen und/oder gestalterisch zu beherrschen ist.

Die Lage des Fensters in der Wand stellt ein wesentliches konstruktives und gestalterisches Kriterium dar: Ein tief in der Leibung sitzendes Fenster schützt dieses zwar (insbesondere bei Holzfenstern), allerdings entsteht ein unangenehmer *Schießscharteneffekt* in der Fassade. Bei weit außen in der Fassade liegenden Fenstern lässt sich die Leibung unauffällig ausbilden, dafür muss die Fensterfuge umlaufend umso sorgfältiger gegen Schlagregen abgedichtet werden.

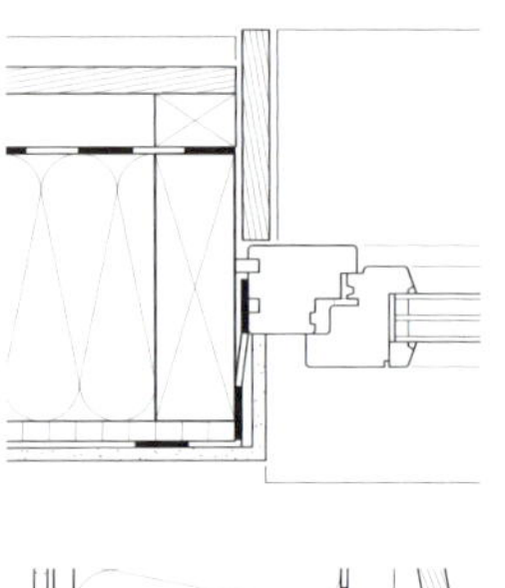

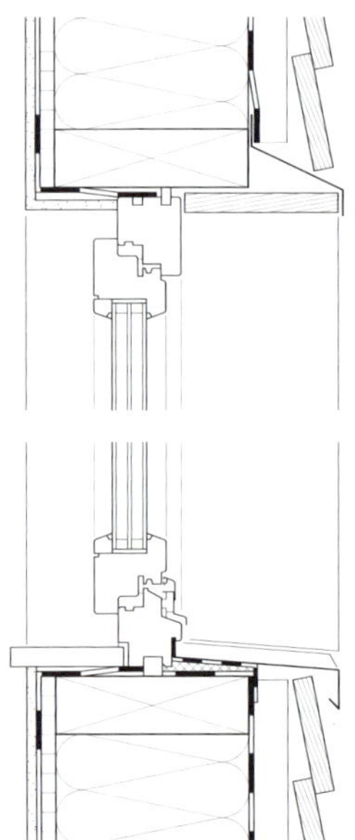

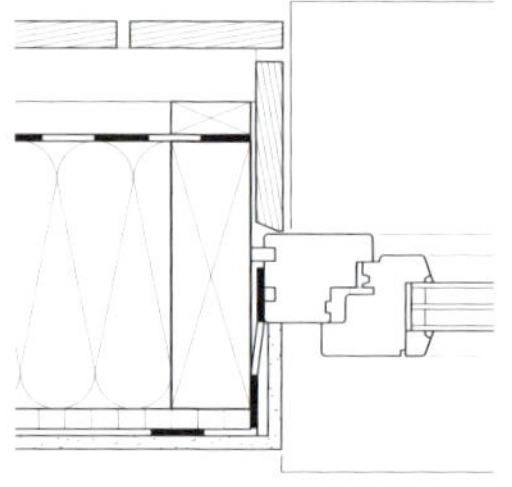

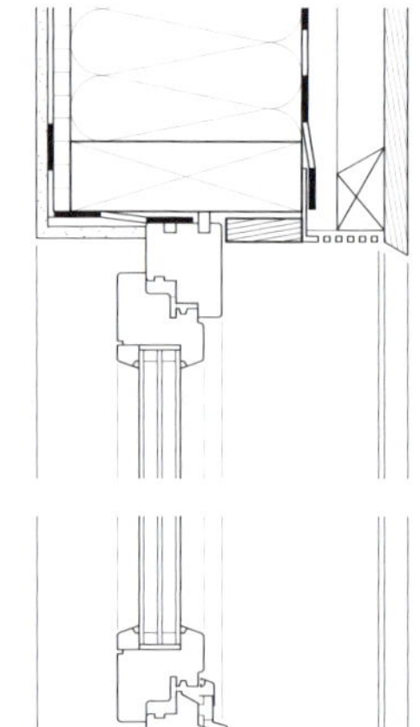

5.45

Stülpschalungen benötigen hervorstehende Fensterleibungen, um das verspringende Hirnholz zu überdecken.

5.46

Bei vertikalen Fassaden lässt sich das Leibungsbrett konstruktiv und gestalterisch unspektakulär und sauber ausführen. Die offene Holzfassade bietet maßliche Toleranzen in den Fugen, um immer mit einem ganzen Brett am Fenster anzukommen.

5.47 *oben*
Fensterleibung mit zwischengeschobenem Leibungsbrett. Das Leibungsbrett ist weniger dominant, dafür liegt das Hirnholz der offenen Rhombusschalung frei. Ein Schüsseln der Bretter wird so deutlicher wahrgenommen.

5.48 *oben Mitte*
Naturfarbene Leibung als Kontrast zur roten Holzfassade. Auf der steil stehenden Fensterbank kann sich kein Schmutz ablagern, so dass unschöne Laufspuren unterhalb des Fensters verhindert werden.

5.49 *oben rechts*
Vertikal verlegte, offene Holzschalung. Durch unregelmäßige Variation der drei unterschiedlichen Brettbreiten entfällt das Ausschneiden des letzten Brettes an den Fensterleibungen, auch bei unterschiedlichsten Fensterbreiten.

5.50 *Mitte rechts*
Fenster, flächenbündig in eine horizontale Nut- und Federschalung eingesetzt. Eine solche Lösung mag gestalterisch reizvoll sein, allerdings ist eine Abdichtung des Fensters in der Fassadenebene nicht möglich. Für profilierte Horizontalschalungen eignet sich diese Lösung eher nicht, da auf Dauer das Schüsseln der Bretter zu einem unsauberen Anschluss führt.

5.50 *unten rechts*
Die seitliche Fensterbankaufkantung wird bis hinter das Leibungsbrett geführt.

In dem Fall, dass das Fenster bündig in der Fassade sitzt, muss dieses in der Ebene der Konterlattung/Lattung mit einem feuchtigkeitsresistenten Dämmstoff (geschlossenzellige Hartschaum- bzw. PU- Dämmung) ca. 4 - 6cm breit umdämmt werden, um eine Wärmebrücke zu vermeiden. Bei Fensterbänken empfiehlt sich unbedingt eine zweite Dichtungsebene. Diese wasserdichte Folie sollte sowohl am Fenstersockel wie auch seitlich und unten mit der wasserabweisenden Folie der Fassade wannenförmig verklebt werden. Die seitlichen Aufkantungen bzw. Bordstücke bei Aluminiumfensterbänken müssen bis hinter die Leibungsbretter geführt werden, so dass der Wasserablauf gewährleistet ist.

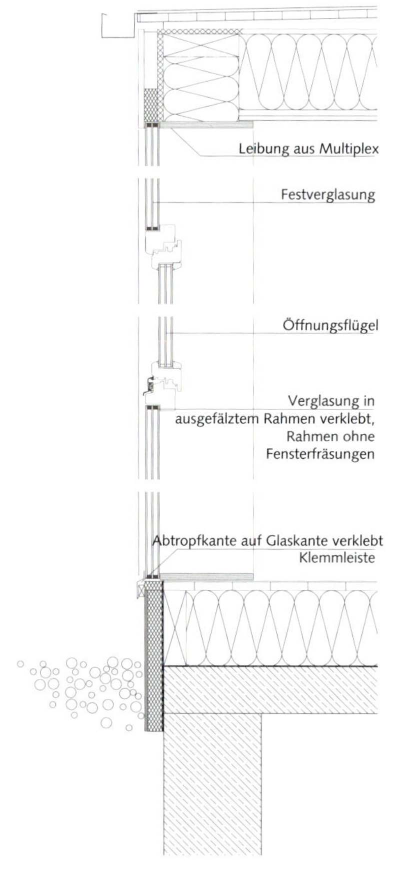

5.52 *oben, unten und links*
Flächenbündig eingebautes Fenster mit Festverglasung. Die Traglatte unmittelbar am Fenster wird durch einen druckfesten Dämmstreifen ersetzt , die Holzwerkstoffplatte wird mittels vorkomprimiertem Dichtungsband auf die Scheibe bzw. den Fensterrahmen aufgesetzt und mit einer (regelmäßig zu überprüfenden) Silikonfuge versiegelt. Diese einfache und elegante Lösung ist nicht regelkonform und muss mit dem Bauherrn vereinbart werden.

5.53 *oben und unten*
Ausgestellte Festverglasung in Pfosten-Riegel-Bauweise in einer Holzfassade. Der Rahmen muss allseitig mit gedämmtem Zinkblech abgedeckt werden. Diese wird bis hinter die diffusionsoffene Folie geführt und mit dieser verklebt. Alle exponierten Teile bestehen aus Metall, so entfällt ein periodischer Wartungsaufwand.

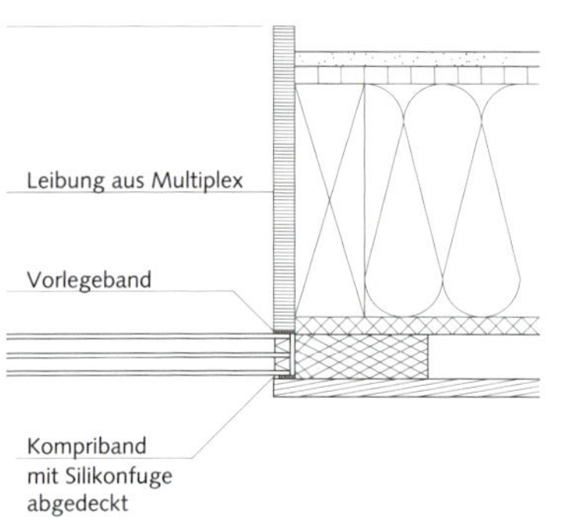

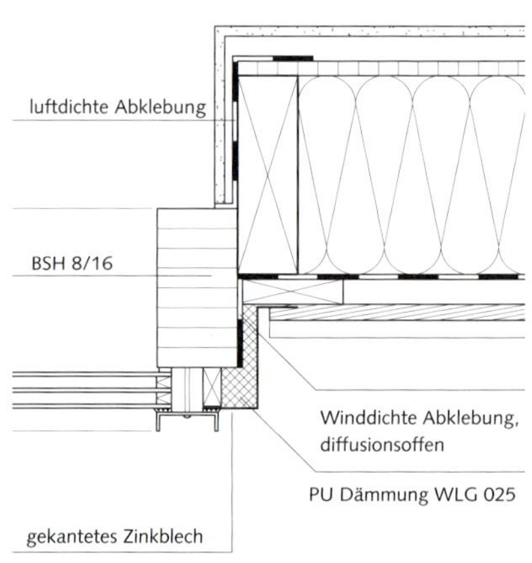

5.7 Bewegliche Holzfassaden

Warum sollten Fassaden beweglich sein? Diese Frage lässt sich leicht beantworten: Die vielfältigen Anforderungen an eine moderne Fassade sind mit statischen Konstruktionen in Zukunft nicht mehr zu erreichen, denn:

- Die Forderung nach mehr Tageslicht im Haus führt zu großzügigen Verglasungen in der Außenwand, was mit modernen Dreifachverglasungen ohne Komfortverlust im Winter möglich ist.
- Durch die ständige Verbesserung der Wärmedämmung der Gebäude steigt die Gefahr einer Überwärmung der Räume hinter verglasten Flächen, insbesondere in der Übergangszeit und im Sommer, so dass außenliegende Verschattungen notwendig werden.
- Bei großen Glasflächen wird ein Blendschutz gegen die tiefstehende Sonne nahezu unumgänglich.
- Mit den zunehmenden Verglasungsflächen nimmt auch der Bedarf an temporärem Sichtschutz zu, insbesondere in den Abendstunden, wenn bei künstlichem Licht der ungehinderte Einblick möglich ist.
- Mit großflächiger Verglasung steigt das Bedürfnis nach subjektiver Sicherheit, denn wer im Glashaus sitzt ...

Ausführungsformen

Je nach Größe, Platz und Bedienkomfort sind Schiebe-, Dreh-, Falt- oder Klappkonstruktionen möglich. Alle Funktionen können mit beweglichen Holz(-fassaden) elementen erfüllt werden. Die Roll- oder Drehbeschläge sollten in Edelstahl ausgeführt werden.

Tabelle 5.1
Übersicht der verschiedenen beweglichen Fassadenelemente.

Funktion	max. Größe	Mechanik	Ausführung	Bedienung
Schieben	bis 20 m²	handelsübliche Laufschienen mit Rollwagen	wie Fassade	einfach, bei Elementen ≥10 m² eventuell Winde erforderlich
Falten	5 – 6 m²	selbsttragender Gelenkrahmen (Einzelfertigung)	zusätzl. Stahlrahmen erford.	einfach
Klappen	1,5 - 2 m²	handelsübliche Bänder	wie Fassade	teilweise umständlich

Schiebeelemente

Voraussetzung für eine Schiebekonstruktion ist die Möglichkeit, genügend Platz an der Fassade zu haben, welche die Schienen beherbergen und Abstellflächen für die Schiebeelemente bieten. Moderne Schienensysteme mit Rollwagen können hohe Lasten zu bewegen. Im Gegensatz zu anderen Bewegungsarten treten die Lasten ausschließlich vertikal auf, so dass Schiebeelemente großflächiger und schwerer sein können als Klapp- oder Faltläden.

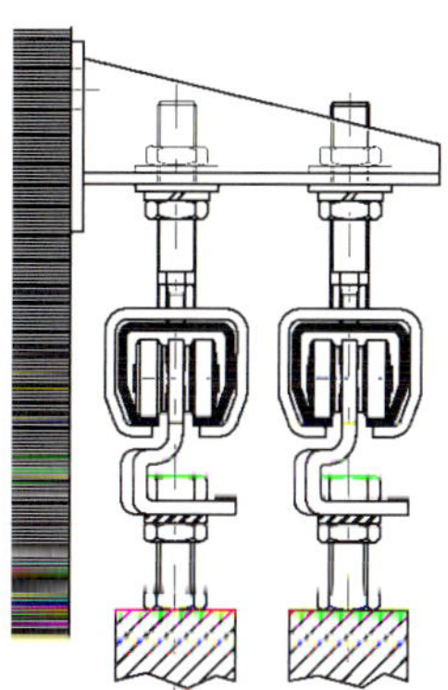

5.54
Doppelte Führungsschiene mit Rollwagen im Detail. Wenn nicht genügend Parkfläche für die Schiebeelemente vorhanden ist, können diese auch auf zwei Ebenen geführt werden.
Quelle: www.helm.de

Belastungswerte für Laufschienen und Rollen						
Profil Nr.	100	300	400	500	600	700
Breite/Höhe	30 / 28 mm	40 / 35 mm	48 / 43 mm	65 / 60 mm	80 / 75 mm	110 / 90 mm
Tragkraft pro Rollenpaar (pro Schiebeelement sind 2 Rollenpaare vorzusehen)						
einachsig	30 kg	65 kg	100 kg	200 kg	400 kg	700 kg
zweiachsig	45 kg	85 kg	150 kg	300 kg	600 kg	1000 kg

Tabelle 5.2:
Lastangaben für verschiedene Schienenstärken und Rollwagen. Quelle: www.helm.de

5.55
Wohnhaus in Bregenz. Hoch über dem Bodensee präsentiert sich der Baukörper mit einer Lärchenholz-Lamellenfassade, deren Flexibilität beim ersten Hinsehen nicht erkennbar ist.
Die Fassade kann am Stück oder in einzelnen Segmenten so verschoben werden, dass ein gezielter Sonnen- und Sichtschutz sowie ein sich immer wieder veränderndes Fassadenbild erzeugt werden kann.
Die Lamellen werden mit handelsüblichen Rollwagen an einer serienmäßigen Laufschiene geführt.
Untere Führung des Fassadenelementes: Die einzelnen Lamellen 3 / 12 cm sind im Abstand von 10 cm aneinander gereiht. Anstelle der üblichen Traglattung sind die Lamellen im Abstand von ca. 60 cm auf eine Gewindestange gefädelt und an beiden Enden verschraubt. Der gleichmäßige Abstand der einzelnen Lamellen untereinander wird mit Kunststoffrohr-Distanzstücken erreicht.

Ausführung von Schiebeelementen

Große Schiebeelemente aus Holz- oder Holzwerkstoffplatten benötigen eine Tragkonstruktion aus Stahl- oder Aluminiumprofilen, um die notwendige Steifigkeit zu erzielen und die Durchbiegung bei raumhohen Elementen möglichst gering zu halten. Da es keine serienmäßigen Konstruktionen gibt, müssen diese im Einzelfall entwickelt und erprobt werden. Die Gestaltung der Elemente sollte gezielt für die verschiedenen Fälle (offen, teilgeschlossen und geschlossen) im Vorfeld simuliert werden. Auch bei präzisester Ausführung lassen sich Klappergeräusche bei Starkwind nicht vermeiden.

Kriterien für die Ausführung sind:

- die Größe und das Gewicht der einzelnen Elemente,
- Windbelastungen auf der Fassade und mögliches Klappern,
- Obere und untere Elementführung,
- Fixiermöglichkeiten der Elemente in verschiedenen Stellungen,
- Wartungsmöglichkeit der Rollwagen und Führungsschienen.

Abb. 5.56 *unten links*
Eckverglasung eines sanierten Wohnhauses im geöffneten Zustand. Material und Farbton der Elemente entsprechen der anschließenden Fassade (zementgebundene Spanplatte, so dass die Schiebeläden kein zusätzliches Gestaltungselement darstellen.

Abb. 5.57 *unten Mitte*
Im geschlossenen Zustand bilden die Elemente mit der Fassade eine gestalterische Einheit.

Abb. 5.58 *oben rechts*
Längsschnitt durch das Schiebeelement mit oberen Rollwagen, unterer Führung und Befestigungsgestänge.

Abb. 5.59 *unten rechts*
Oberer Eckstoß der Elemente. Seitlich angebrachte Gummipuffer dienen der Vermeidung von Klappergeräuschen.

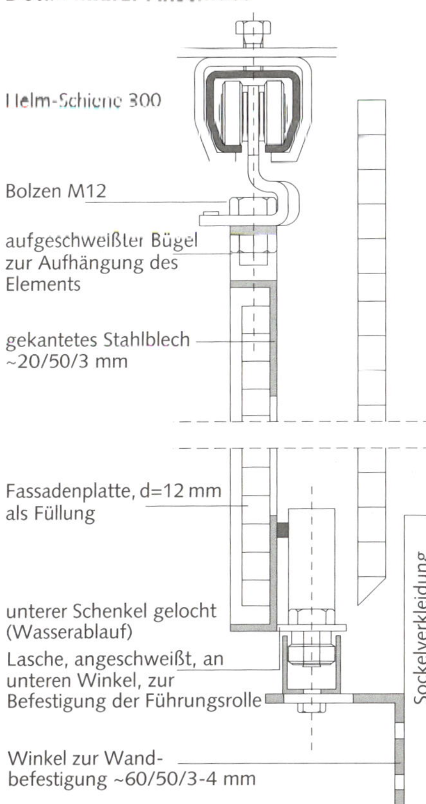

5.60
Bewegliche Fassade aus lackierter Dreischichtplatte an einem Wohnhaus in Bad Schachau / Bodensee. Die Faltschiebeläden vor den Loggien bieten im geöffneten Zustand zusätzlichen Sicht- und Schallschutz zu den Nachbarwohnungen. Die horizontal eingefrästen Lichtschlitze bringen auch im geschlossenen Zustand Streiflicht in die Wohnräume.

5.61
Detailausbildung der Faltelemente. Deutlich zu erkennen ist der schmale Stahlrahmen, der die Elemente gegen Verwindungen stabilisiert sowie eine unauffällige Befestigung der Bänder ermöglicht. Ein wandseitiges Alumimium-Z-Profil über den Faltelementen verhindert stehendes Wasser auf dem Rahmen.
Hersteller: www.blanke.at

5.62
Faltläden in einer Fassade aus Dreischichtplatten in Weiz / Steiermark. Es entsteht ein sich ständig änderndes Fassadenbild. Die dunkle Stahlkonstruktion kontrastiert reizvoll zum Braunton des Plattenwerkstoffes. Die Führungsschienen sind sorgfältig in das Gesamtbild integriert.

Faltbare Sonnenschutzfassade

Überall dort, wo der Anteil der transparenten Fassadenflächen größer ist als der Anteil der opaken, wo also keine Parkflächen für Schiebeläden zur Verfügung stehen, können Klapp- oder Faltläden eine attraktive Alternative sein. Der Aufwand für die Faltmechanik ist jedoch um einiges höher als bei Schiebeelementen, außerdem ist die Gefahr des Klapperns bei Windbelastung größer. Der Faltladen muss oben und unten in einer Schiene geführt werden.

Im Gegensatz zu den Schiebeläden ist ein höherer Detailierungsaufwand erforderlich, zumal die Läden genau in die Fensterleibungen passen müssen. Aufgrund der exponierten Lage muss die Mechanik regelmäßig geölt und der Plattenwerkstoff häufiger nachgestrichen werden als die übrigen Fassadenteile.

Trotzdem stellen die senkrecht zur Fassade ausgestellten Klappläden ein reizvolles Gestaltungselement dar, es entsteht ein abwechselungsreiches Spiel von Licht und Schatten. Bei geöffneten Läden erhält die Fassade so eine dritte Dimension.

5.63
Lamellenfassade mit aufklappbarem Sonnenschutz im offenen und geschlossenen Zustand. Das Sonnenschutzelement ist genauso wie die Fassade aufgebaut, zur Erhöhung der Transparenz wurde die Holzlattung im Bereich des Fensters durch Aluschienen ersetzt. Allerdings muss das Aufklappen von außen manuell erfolgen, wenn der Laden in die 90°-Stellung gebracht werden soll. Wird das innenliegende Klappfenster zum Lüften geöffnet, bewegt sich der Laden mit.

Klappkonstruktionen

Klappkonstruktionen eignen sich nur für einzelne Fenster, da das Gewicht der hochzuklappenden Holzkonstruktion einen limitierenden Faktor darstellt. Der Klappladen wiegt ca. 15 – 20 kg/m², so dass sich dieser problemlos nur wenige Grad öffnen lässt. Bei einem nach außen öffnenden Klappfenster schiebt sich der Laden bei einer Spaltlüftung automatisch mit nach außen. Er lässt sich bei einer solchen Fensterkonstruktion aber nur von Außen in die horizontale Lage bringen (siehe Abb. 5.64).

Bei einem nach innen zu öffnenden Dreh-Kipp-Fenster lässt sich der Klappladen auch von innen hochstellen, allerdings auch nur manuell und mit viel Kraftaufwand.

Durch das Hochklappen lässt sich jedoch ein gezielter Sonnen- und Blendschutz erreichen und die Fassade erhält, ähnlich wie beim Faltladen ein dominantes Gestaltungselement. Wenn man auf hohen Bedienungskomfort verzichtet, ist eine solche Konstruktion mit sehr einfachen Beschlägen herzustellen. Bleibt der Laden häufig geöffnet, dann bleicht die dem Wetter ausgesetzte Seite wesentlich schneller aus als der Rest der Fassade.

5.64
Aufgeklapptes Fassadenelement: Ein einfaches Einbohrband übernimmt die Scharnierfunktion. Dieses lässt sich durch einfaches Drehen problemlos justieren.

5.65
Eine Holzfensterbank verwittert im Vergleich zu einer Aluminiumfensterbank schneller, fügt sich aber insgesamt besser in das Gesamtbild ein. Hier ist eine wasserdichte Abklebung unter der Fensterbank zwingend erforderlich.

5.66
Horizontale Gliederung durch ein schräg gestelltes Gesimsbrett. Auch wenn das Wasser ablaufen kann, wird es doch spätestens nach zehn Jahren ausgewechselt werden müssen.

5.67
Bei horizontalen Verlegungen muss die Sockelzone von 30 cm nicht unbedingt freigehalten werden, allerdings sind dann die untersten 3 Bretter als Verschleißteile auszubilden.

Exkurs: Verschleißteile

Eine Holzfassade ist nicht für die Ewigkeit gedacht. Das muss auch nicht sein. Entscheidend ist ein verantwortungsvoller Umgang mit dem Thema Alterung. Trotz Beachtung aller Fachregeln, Normen und Merkblätter und trotz sorgfältiger Ausführung werden sich Alterungs- und punktuelle Verwitterungserscheinungen nicht vermeiden lassen.

Es gibt zwei Philosophien beim Bau von Holzfassaden:

- Gelassenheit und bewusster Umgang mit sogenannten Verschleißteilen. Einzelne Bretter, die an exponierten Stellen erhöhter Feuchtigkeitsbelastung ausgesetzt sind, müssen nach einigen Jahren ausgewechselt werden.
- Perfektion, d.h. hohe Planungs- und Ausführungsdisziplin. Das erfordert eventuell gestalterische und farbliche Einschränkungen, vielfach in Verbindung mit Blechanschlüssen zum Schutz aller Bauteile, die dauerhaft bewittert sind, z.B. Verblechung von Fensterstürzen und Fensterbänken, breite Sockelzonen, Spritzwasserschutz u.ä.

Hier ist der Planer in der Zwickmühle. Das Ziel, eine gestalterisch hochwertige Holzfassade ohne Materialwechsel zu erstellen, beinhaltet bisweilen auch verschleißanfällige Teile. Diese Teile, im Bereich des Sockels sowie im Bereich von Fenstern und Anschlusspunkten, sollten als solche deklariert und zur leichteren Auswechselung geschraubt werden. Man sollte immer ein paar Bretter der Originallieferung in Reserve halten.

6 Oberflächenbehandlung

6.1 Natürliche Vergrauung von Holzfassaden

Der in den 1980er Jahren entstandene Trend zum *ökologischen Bauen* hat auch dazu geführt, dass die natürliche Vergrauung von Holzfassaden gesellschaftsfähig geworden ist. Junge Vorarlberger Architekten trauten sich zuerst, die Tradition naturbelassener Lärchenholzfassaden aufzugreifen und mit der Formensprache moderner Flachdachgebäude zu verbinden. In Deutschland wurde dieser Ansatz häufig unkritisch übernommen. Irgendwann, so hoffte man, würde sich eine regelmäßige silbergraue Verfärbung des Holzes einstellen. Rückblickend ist dieser Effekt in der Praxis leider nur selten eingetreten – im Folgenden werden die Einflussfaktoren beschrieben, welche die Qualität der Vergrauung des Holzes beeinflussen.

Oberflächenveränderungen / Verwitterung

Der Prozess der strukturellen und farblichen Veränderung von Holz beginnt bereits kurz nach der Montage der Fassade. Bestimmende Einflussfaktoren für die Verwitterung sind die Intensität der Sonneneinstrahlung und die Einwirkungen durch Regen und Kondensat.

Diese Wetterphänomene haben zur Folge, dass Fassadenteile, die durch Vordächer, Balkone, Auskragungen oder nur wenige Zentimeter vorspringende Fensterbänke geschützt sind, fast nicht verwittern, sondern höchstens nachdunkeln. Auf regelmäßig bewitterten Fassadenflächen tritt nach spätestens zwei bis drei Jahren ein deutlicher Vergrauungsprozess ein, der im Idealfall in einer silbrig grauen Oberfläche endet. Folgende Faktoren beeinflussen diesen Prozess:

- Holzart
- Einschnittart (Jahrringaufbau)
- Verlegerichtung (vertikal o. horizontal)
- Holzausgleichsfeuchte

6.1
Eine ideal vergraute Lärchenholzschalung an der Westfassade der Hauptschule in Klaus/Vorarlberg: Die durch den Entwurf vorgegebene Klarheit des Baukörpers wird durch die gleichmäßige Vergrauung noch hervorgehoben.

6.2
Auch im Detail ist die gleichmäßige Bewitterung zu erkennen, die zu einer eleganten silbergrauen Patina führt.

6.3
Was stört hier eigentlich mehr – die nicht vergrauten Flächen im unbewitterten Bereich oder die Rohrkunst an der Gebäudeecke?

6.4
Sockelzone einer vertikal verlaufenden offenen Schalung. Um ein gleichmäßiges Vergrauen zu erzielen, ist ein Spritzwassersockel (z.B. aus Faserzementplatten) notwendig.

- Klimabedingungen sowie Mikroklima am Haus
- Umgebungsfeuchte und Bewuchs
- konstruktiver Holzschutz

Lebensdauer

Der Abbau des Lignins führt zu einem minimalen Substanzverlust des Holzes, der je nach Intensität der Bewitterung bei ca. 0,05 - 0,1 mm/a liegt, eine für die Lebensdauer des Holzes eher unerhebliche Dimension.

An stark bewitterten und extrem besonnten Fassaden kommt es zu Formveränderungen der Bretter. Bei Brettbreiten über 140 mm steigt das Risiko der Rissbildung infolge übermäßigen Schwindens. Die Wetterschutzfunktion ist in der Regel nicht gefährdet, jedoch sind optische Mängel und eine reduzierte Lebensdauer infolge eindringender und schlecht austrocknender Feuchtigkeit nicht zu vermeiden.

Werden die wesentlichen konstruktiven Grundprinzipien berücksichtigt, sollte die Lebensdauer der Fassade bei ≥ 30 Jahren liegen.

Unterhalt und Pflege

Eine unbehandelte Fassade benötigt im Idealfall keine Pflege, vielleicht ist hin und wieder eine Reinigung sinnvoll (siehe Exkurs). Der Planer kann durch die Art der Ausführung den Grad und die Gleichmäßigkeit der Oberflächenveränderungen, Verwitterung oder auch Verschmutzung beeinflussen. Auch der Umgang mit dem natürlichen Vergrauen will gekonnt sein. Jede Art von Vorsprung, und sei er noch so gering, führt zu veränderter Schlagregenbelastung und damit zu unterschiedlicher Vergrauung. Selbst eine nur 3 cm überstehende Fensterbank zeichnet sich jahrelang an der Fassade ab. Das ist nicht schlimm, man muss es nur wissen.

Wie altert eine Fassade mit Würde?

Die optimale Vergrauung einer unbehandelten Holzfassade wird mit einer vertikalen, gehobelten Fassade *ohne jeglichen* Dachüberstand und ohne Vor- und Rücksprünge erreicht. Diese Aussage entspricht zwar nicht der Lehrmeinung über konstruktiven Holzschutz, in der Praxis zeigt sich jedoch die Richtigkeit dieser These.

Wie schon häufiger erwähnt, sind vertikale Holzschalungen den horizontalen Verkleidungen überlegen: beim gleichmäßigen und schnelleren Wasserablauf ebenso wie bei der daraus resultierenden geringeren Verschmutzung. Vertikale Schalungen sind an Gebäudeecken und Fensterleibungen einfacher zu handhaben, der Spritzwasserschutz sollte allerdings eingehalten werden. Gehobelte Bretter sind ungehobelten in Bezug auf die Gleichmäßigkeit von Vergrauung und Verschmutzung vorzuziehen, Wasser und Staub wird weniger Widerstand entgegengesetzt.

Aber auch bei den konsequentesten entwurflichen und konstruktiven Bemühungen um eine gleichmäßige Bewitterung des Holzes lässt sich ein einheitliches Vergrauen für alle Himmelsrichtungen praktisch nicht erreichen. Nord- und Ostfassaden vergrauen aufgrund der geringeren Sonneneinstrahlung und des damit verbundenen schlechteren Austrocknungsverhaltens wesentlich unregelmäßiger als Süd- und Westfassaden.

Übergänge zwischen bewitterten und unbewitterten Bereichen

Die Übergangszonen zwischen vergrauten und wettergeschützten Bereichen lassen sich nicht verhindern, z.B. bei Dachüberständen und Vordächern. Aber selbst unter vorstehenden Fensterbänken und bei profilierten Schalungen wie Stülpschalungen oder Schindeln entstehen Bewitterungsunterschiede. Diese erweisen sich bei vertikaler Schalung wesentlich unproblematischer als bei horizontaler Verlegung, da das ablaufende Regenwasser auf horizontal verlegten Brettern zu längerer Durchfeuchtung und zu unregelmäßigen und optisch unbefriedigenden Laufspuren führt.

Die graue Eleganz einer gleichmässig bewitterten vertikalen Holzschalung verändert sich sofort, sobald Überstände und Vorsprünge vorhanden sind. Der untere Teil der Fassade wird schwarz und der Übergang zwischen bewitterten und unbewitterten Zonen tritt farblich deutlich hervor.

Dabei überlagern sich zwei Einflüsse: Zum einen dringt vom Fassadenvorsprung (Gesims, Sonnenschutzverkleidung oder auch der Sockelzone) hochspritzender Regen von unten in das Hirnholz einer vertikalen Schalung ein (daraus resultiert die Vorgabe, dass Holzverkleidungen erst 30 cm über dem Erdreich beginnen dürfen) und zum anderen führt die ungleichmäßige Bewitterung in Verbindung mit spritzendem Wasser zu unregelmäßigen farblichen Veränderungen an der Fassade.

6.5
Übergang zwischen einer regenbelasteten und einer geschützten Fassade mit vertikaler Nut-Feder-Schalung. Der Übergang erfolgt ohne störende Laufspuren.

6.6
Am gleichen Objekt befindet sich auch eine horizontal verlegte Holzfassade. Deutlich sind Laufspuren des Regenwassers bis weit in den geschützten Bereich zu erkennen. So entsteht ein unbefriedigendes Erscheinungsbild, insbesondere in Verbindung mit der unbewitterten Deckenschalung.

6.7
Bereits geringe Disziplinlosigkeiten bei der Ausführungsplanung führen zu ärgerlichen Nebeneffekten: Der vorgehängte Jalousienkasten erzeugt spritzendes Regenwasser und erhöht die Wasserbelastung im darüber liegenden Fassadensockel. Der sich auf dem Jalousienkasten ablagernde Schmutz wird dabei teilweise auch an die Fassade gespritzt.

Schimmel und Algen

Viele Planer schätzen die optische Erscheinung alternder, unbehandelter Fassaden falsch ein: Sie werden im Laufe der Zeit nicht silbergrau, sondern schwarz. Die Ursachen sind in der Überlagerung mehrerer Faktoren zu finden:

- Es wurde weiches, stark saugendes Holz verbaut, z.B. Tanne und Fichte, aber auch schnell gewachsene Lärche (mit breiten Jahresringen). Daher: Kein Splintholz von Lärche verwenden!
- Hohe Einbaufeuchte des Holzes (... direkt aus dem Wald an die Wand!)
- Sehr hohe Schlagregenbelastung in Verbindung mit horizontalen Schalungen und eingeschränkter Austrocknung z.B. im Bereich der Fugen.
- Die Flächen sind wenig besonnt und dem Wind abgewandt, so dass keine periodische Austrocknung stattfinden kann. Insbesondere Nord- und Ostseiten sind gefährdet!
- Hohe Umgebungsfeuchte, z.B. durch großen Baumbestand in Gebäudenähe oder dicht stehende Sträucher, welche die Konvektion an der Fassadenoberfläche verhindern.
- Zusätzliche Wasserbelastung durch ablaufendes Wasser von glatten Flächen oberhalb der Holzfassade, z.B. Fenster oder Plattenfassaden (siehe Abb. 6.10).

6.8
Stülpschalungen eignen sich nicht für ein gleichmäßiges Vergrauen. Das Wasser tropft vom oberen Brett ab, wobei nur der untere Teil des darunter liegenden Brettes sehr ungleichmäßig bewittert. Da die Feuchtigkeit aufgrund der horizontalen Faserstruktur nicht gleichmäßig abläuft, entsteht über einen sehr langen Zeitraum ein unruhiges und unbefriedigendes Fassadenbild.

6.9
Unregelmäßiges Vergrauen einer Holzschindelfassade. Man erkennt, dass durch das sogenannte Schüsseln der einzelnen Holzschindeln das Regenwasser nicht gleichmäßig auf die nächst tiefer liegende Schindelreihe läuft. Je nachdem, ob das Schüsseln aufgrund unterschiedlicher Holzbeschaffenheit (z.B. Kern- oder Seitenschindeln) nach innen oder außen stattfindet, sind auch die Wasserlaufspuren mal in der Mitte, mal am äußeren Rand der Schindeln zu finden.

6.10
Wohnhaus in Dornbirn/Vorarlberg. Die Schwarzschimmelbelastung ergibt sich aus der horizontalen Schalung in Verbindung mit den darüber liegenden Plattenwerkstoffen sowie den Fensterflächen. Beide Bauteile nehmen selbst keine Feuchtigkeit auf und führen die gesamte Wasserlast auf die Holzfassade. Auffällig ist, dass im Bereich des Dachrandes und unter den vorstehenden Fensterbänken keine Schimmelbildung stattfindet, da an diesen Stellen kein Wasser von oben hinunter rinnt.

Exkurs:
Reinigung der unbehandelten Fassade mit dem Hochdruckreiniger

Nicht jede unbehandelte Holzfassade erhält die bilderbuchgraue Patina. Viele Fassaden werden einfach nur schmutzig oder veralgen. Besonders unansehnlich ist dabei der Schwarzschimmel (siehe S. 72).

Eine sehr einfache und wirkungsvolle Methode stellt die Reinigung des Holzes mit einem handelsüblichen Hochdruckreiniger dar. Je nach Intensität und Dauer des Wasserstrahls wird der Schmutz aus der obersten vergrauten Zelluloseschicht, aber auch lose Holzsubstanz abgetragen, so dass die nächste unbewitterte Schicht zum Vorschein kommt. Der Materialverlust durch diese brachiale Methode ist zwar wesentlich höher als beim natürlichen Abbau, die Bretter verkraften einen solchen Prozess jedoch im Abstand von 3 bis 5 Jahren problemlos ohne nennenswerte Schäden. Allerdings verändert sich die Oberflächenqualität. Bei gehobelten Brettern fasert die Oberfläche sehr fein auf, wodurch die neuerliche Schmutzaufnahme gefördert und die Austrocknung verlangsamt wird.

Schimmel- und Algenbefall lassen sich auf diese Weise hervorragend entfernen. Der Effekt ist verblüffend, weil die Anmutung der Fassade kurzfristig fast ihrem Neuzustand entspricht. Vor dem Verkauf eines Hauses mit unbehandelter Lärchenfassade wirkt sich so eine Aktion mit dem Hochdruckreiniger sehr verkaufsfördernd aus.

Der Zeitaufwand beträgt erfahrungsgemäß ca. 5 – 8 Minuten/m^2. Die Arbeit lässt sich mit der notwendigen Vorsicht auch von der Leiter aus erledigen. Bei einem Einfamilienhaus handelt es sich um eine tagesfüllende Tätigkeit. Wasserfeste Kleidung und Gummistiefel werden empfohlen, die Sicherheitshinweise des Geräteherstellers sollten ernst genommen werden.

Durch den hohen Wasserdruck kann die dahinter liegende Konstruktion in einem Maße dem Wasser ausgesetzt sein, wie das bei normaler Wetterbelastung nicht der Fall ist. Daher ist sorgfältig zu prüfen, ob die Dämmung dieser Belastung standhält. Eine Zellulosedämmung könnte beispielsweise durchfeuchten und anschließend verklumpen.

Bei offenen Schalungen trifft Druckwasser in großen Mengen auf die diffusionsoffene Abdichtungsbahn. Es könnte durchaus passieren, dass diese dadurch beschädigt wird. In diesem Fall ist die Reinigungsmethode nicht geeignet. Es empfiehlt sich auch hier, eine unauffällige, aber leicht zugängliche Stelle der Fassade als Versuchsfeld zu nutzen.Es ist ferner darauf zu achten, dass behandelte oder empfindliche Oberflächen wie Fenster sorgfältig geschützt werden, da der hohe Wasserdruck jeden Anstrich gnadenlos beschädigt.

6.11 - 6.13
Reinigung einer mit Schwarzschimmel befallenen Lärchenholzfassade: vor, während und nach der Hochdruckreinigerbehandlung. Man übt am Besten an unauffälligen Stellen der Fassade mit verschiedenen Düseneinstellungen. So entsteht in kurzer Zeit ein Gefühl für den optimalen Abstand zwischen Holz und Düse.

Vorvergrauende Behandlung

Jede unbehandelte Fassade vergraut irgendwann und an den meisten Stellen. Allerdings ist der Zeitraum zwischen der ursprünglichen Frische des Holzes und der endgültigen Vergrauung nicht genau zu bestimmen. Einflussfaktoren sind:

- Himmelsrichtung
- Regionale Wetterbedingungen
- Dachüberstände
- Mikroklima
- Bepflanzung
- Trocknung

Eine gleichmäßige Vergrauung kann einige Jahre dauern, wenn sie denn überhaupt stattfindet. Die Übergangsphase erfordert bisweilen gute Nerven, man findet an den verschiedenen Stellen der Fassade nahezu ein halbes Dutzend unterschiedliche Vergrauungsgrade, die nicht jede/r BauherrIn gut ertragen kann.

6.14
Fassade mit Vergrauungslasur an einem Wohnhaus in Born am Darß. Bei einer Fassade ohne Dachüberstände und Vorsprünge hätte eine gleichmäßige Vergrauung auch ohne Lasur stattgefunden.

6.15
Erste Verwitterungsspuren im Detail. Auch bei einer Vergrauungslasur findet der Übergang vom künstlichen zum natürlichen Grau nicht ohne Zwischenstufen statt.

6.16
Fassade des Segelzentrums in Bregenz/Vorarlberg. Die klare Fassadengliederung und die vertikale Holzschalung bieten gute Voraussetzungen für ein gleichmäßiges Abwittern.

Die Industrie hat dieses Problem erkannt und bietet sogenannte *Vergrauungslasuren* an. Hierbei handelt es sich um lösemittelhaltige oder wasserbasierte Beschichtungen, die allerdings nicht den Fachregeln des Zimmererhandwerks unterliegen, da sie nicht das Ziel verfolgen, besonders dauerhaft zu sein, sondern den natürlichen Vergrauungsprozess zu begleiten und zu steuern. Sie enthalten auch Zusätze gegen Mikroorganismenbefall (Pilze und Algen).

Eine Gewährleistung für eine gleichmäßige Vergrauung bekommt man allerdings nicht, insbesondere bei Fassaden mit Dachüberständen. Es ist auch hier ratsam, sich vor einer solchen Entscheidung Gebäude anzusehen, die bereits vor mehreren Jahren mit einer Vergrauungslasur versehen worden sind.

Von einem nachträglichen Behandeln mit bereits unterschiedlich vergrauten Fassaden ist abzuraten. Unter dem Aspekt der Mehrkosten für eine Vergrauungslasur ist auch noch einmal darüber nachzudenken, ob man nicht doch lieber die Übergangsphasen ertragen möchte. Auch für vorvergraute Fassaden gelten die auf S. 74 beschriebenen Grundprinzipien.

Adressen
www.adler-farbenmeister.com
www.keim.de
www.kora-holzschutz.de
www.mocopinus.de
www.saicos.de

6.2 Farbige Holzfassaden

Wenn eine Holzfassade nicht vergrauen soll, stellt sich die Frage nach dem passenden Farbton. Dabei lohnt es sich, neben der spontanen emotionalen, also vom persönlichen Geschmacksempfinden geprägten Präferenz auch grundsätzlich darüber nachzudenken, welche Spielräume es bei der Farbwahl gibt und welche Konsequenzen die einzelnen Farben nach sich ziehen.

Folgende grundsätzliche Überlegungen sollten bei der Farbwahl berücksichtigt werden, um sich spätere Enttäuschungen zu ersparen:

- Bei sehr dunklen Farbtönen heizt sich die Fassade im Sommer stark auf, was zu einer zeitweisen Holztrocknung und zu entsprechend starker Rissbildung führt, sowohl im Holz wie auch in der Beschichtung.
- Sehr helle Farbtöne sind im Laufe der Zeit anfällig gegen Verschmutzung und eventuelle Veralgung.
- Bei Grautönen ist das Risiko am geringsten: Verwitterungs- und Verschmutzungsspuren verkraftet eine solche Fassade problemlos, selbst wenn die Farbe an manchen Stellen auswäscht oder abplatzt; denn darunter kommt die natürliche Vergrauung zum Vorschein.

Ein weiteres Kriterium bei der Erst-Farbwahl sind die zukünftigen farblichen Optionen. Gerade bei der Behandlung mit Dünnschichtlasuren, bei denen die Farbe in das Holz eindringt und die Holzmaserung noch sichtbar bleiben soll, ist es kaum möglich, die Fassade später in einem anderen Farbton überzustreichen, da eine vollständige Deckung nicht zu erreichen ist. Hier bleibt nur die Möglichkeit, den Altanstrich vollständig zu entfernen (vgl. Kapitel: Reinigung einer Holzfassade, Seite 75).

Bei deckenden Farben, z.B. auf Leinölbasis, kann der Farbton gewechselt werden, allerdings sollte man auch hier berücksichtigen, dass es einfacher ist, im Laufe der Jahre von hell nach dunkel zu streichen als umgekehrt.

6.17
Abblätternde Lackfarbe bei einer Boden-Deckel-Schalung. Filmbildende Anstriche wie Lacke und Dickschichtlasuren eignen sich nicht zur Oberflächengestaltung ungeschützter Holzfassaden.

6.18
Weiße Stülpschalung nach ca. 10 Jahren am Nordufer des Bodensees. Das Gebäude hat keinen Dachüberstand, so dass die Regenbelastung sehr hoch ist. Die hohe Luftfeuchtigkeit am Bodensee verstärkt die Gefahr der Algenbildung.

6.19
Wohnhaus in Lindau/Bodensee. Boden-Dekkel-Schalung mit breiten Böden (altweiß) und schmalen Deckleisten (gelb). Diese Farbkombination wurde in den 1920er und 30er Jahren öfter verwendet. Die Fassade strahlt eine unaufdringliche Eleganz aus. Diese Farbkombination ist auch bei bewitterten Fassaden noch recht wirkungsvoll, allerdings ist die Sanierung aufwändig. Die gelben Leisten werden demontiert und separat gestrichen. Die weißen Unterbretter können dann großflächig nachbehandelt werden.

Im Gegensatz zu Fassaden, die natürlich vergrauen sollen, ist für eine farbig behandelte Fassade ein wirksamer Dachüberstand dringend anzuraten! Ständige Feuchtigkeit in Verbindung mit einem unregelmäßigen Wasserablauf (z.B. Stülpschalung) führt sonst nach einigen Jahren zu einem sehr unbefriedigenden Erscheinungsbild.

6.20
Gelbe Holzwerkstoffplattenfassade eines mehrgeschossigen Wohnhauses in Bregenz ohne Dachüberstand. Große Wassermengen laufen an der Fassade herunter. In Verbindung mit dem Staub der benachbarten Durchgangsstraße entsteht ein schmuddeliger Gesamteindruck

6.21
Die ursprünglich dunkelblaue Plattenwerkstofffassade eines Büropavillons in Bern. Nach ca. 5 jähriger Bewitterung ist daraus babyblau geworden und die Fassade verliert so an Seriosität.

6.20
Holzhaussiedlung in Porvoo/Finnland. Die erdig warmen Farbtöne der Schlammfarben bieten in Verbindung mit den ausreichenden Dachüberständen die Voraussetzung für ein dauerhaft attraktives Erscheinungsbild.

Verblassen der Farben

Die meisten Farbbeschichtungen neigen dazu, aufgrund von Regeneinwirkung und UV-Bestrahlung zu verblassen. So verändert sich ein roter Farbton zum bonbonfarbenen Rosé, ein Mittelblau verwandelt sich in Babyblau. Beschichtungen mit mineralischen Pigmenten bleiben farbecht.

Diese Veränderungen sind bei neutraleren Farbtönen, wie z.B. Grau, Blaugrau, Grüngrau, eher unproblematisch. Grau gestrichene Fassaden hinterlassen auch noch nach Jahren den besten Eindruck: sie sind schmutzunempfindlich und selbst in den Bereichen, an denen die Beschichtung Fehlstellen aufweist, fällt die sich einstellende natürliche Vergrauung des Holzes nicht weiter auf.

Planungshinweise

Denken Sie bei farbigen Fassaden bereits bei der Planung des Erstanstriches an den Renovierungsanstrich. Sie werden diesen im Laufe der Fassadenlebensdauer evtl. bis zu zehnmal, d.h. alle 5 bis 8 Jahre, wiederholen müssen.

Praxistipp

Vor der Festlegung der Fassadenfarbe sollte man die farbliche Veränderung simulieren. Man streicht die Hälfte eines Probebrettes mit dem gewünschten Farbton, die andere Hälfte mit der gleichen, aber zu 70% verdünnten Farbe. So erhält man einen ungefähren Eindruck davon, wie die Farbe in einigen Jahren aussehen wird.

- Wählen Sie den Anstrich so, dass er altern kann, ohne dass die Fassade heruntergekommen aussieht.
- Bedenken Sie, dass die Fassade eingerüstet werden muss. Oder lässt sich der Neuanstrich von der Leiter oder einem Hubsteiger ausführen (Sicherheitsvorgaben der Berufsgenossenschaft beachten)?
- Verzichten Sie auf kleine Flächen und auf Flächen, die später nur noch mit unangemessenem Aufwand erreichbar sind.
- Verzichten Sie auf komplizierte Anschlusspunkte, die später nicht problemlos überstrichen werden können.
- Befestigen Sie alle Teile der Fassade, die zur Renovierung demontiert werden (z.B. farbig abgesetzte Eckleisten und Leibungsbretter), mit Schrauben, so dass diese separat gestrichen werden können.
- Wählen Sie möglichst nur einen Farbton für die Fassade. Andersfarbiges Absetzen ist höchstens bei Eckleisten und Leibungsbrettern sinnvoll.
- Sparen Sie nicht am falschen Platz: Jede Sanierung eines Farbanstriches ist teurer als die Erstbehandlung.

6.23 *oben*
Die früher knallorange Fassade des Gemeindesaales in Mäder/Vorarlberg macht auch nach 12 Jahren noch einen hervorragenden Eindruck. Sie ist verblasst, ohne farblos zu wirken.

6.24 *oben rechts*
Nach wie vor überzeugend: die schuppenförmige Anordnung, entsprechend der konischen verlaufenden Fassade. Gleichzeitig bietet jedes Brett für das darunter liegende den konstruktiven Holzschutz. Der problemlose Wasserablauf und die Schlagregensicherheit sind gewährleistet.

6.25 *Mitte*
Zwei Faktoren beeinflussen das Abplatzen der Farbbeschichtung. Dunkle Farbtöne führen zu erhöhter Erwärmung (bis > 60°C auf südwestorientierten Fassaden) und somit höherem Schwinden des Holzes. Bei breiten Brettern wirken sich Quell- und Schwindprozesse vor allem in der Brettmitte stärker aus, so dass hier die Schadenshäufigkeit am ausgeprägtesten ist.

6.26 *unten rechts*
Farbbeschichtung nach Montage der Hölzer. Durch Nachtrocknen und Schwinden des Holzes werden die unbehandelten Stellen in Form von hellen Steifen sichtbar. In den Fugen der Überlappungsstellen kann die Feuchtigkeit am schlechtesten austrocknen, so dass die am meisten gefährdeten Stellen völlig ungeschützt sind.

6.3 Oberflächenbeschichtungen

Beschichtungen wie Imprägnierungen, Lasuren und Lackierungen werden zum Schutz des Holzes sowie zur farbigen Gestaltung eingesetzt. Grundsätzlich ist die Art und Ausführung einer Fassadenbeschichtung von folgenden Kriterien abhängig:

- Holzart: Welche Holzart lässt sich unbeschichtet verwenden, bei welcher ist eine Beschichtung unbedingt erforderlich?
- Oberfläche: Welche Anforderungen werden an die Farbe, Struktur und Beschaffenheit der Oberfläche gestellt?
- Exposition: Welchen Wetter- und Umwelteinflüssen (Regen, UV-Strahlung, Luftverschmutzung) ist die Fassade ausgesetzt?
- Wartungsintervalle: Wie lassen sich diese im individuellen Fall einschätzen, wie sollen diese vollzogen werden?

Holzfassaden zählen zu den *begrenzt maßhaltigen* Bauteilen, die gegenüber maßhaltigen Konstruktionen (z.B. Fenster) erheblich geringeren Anforderungen an die Oberflächenbeschichtung unterliegen.

Allerdings besteht grundsätzlich keine Notwendigkeit, Holzfassaden zu beschichten. Harzhaltige (z.B. Lärche, Douglasie) bzw. langsam wachsende (harte) Holzarten (z.B. Eiche, Zeder) benötigen keine Beschichtungen, wenn man das Vergrauen der Fassade billigend oder bewusst in Kauf nimmt (siehe Kap.6.1).

Die Notwendigkeit der Imprägnierung hängt von der Einbau- und Feuchtigkeitssituation ab, die gemäß DIN 68800 als als Gebrauchsklassen bezeichnet werden, aus denen sich die *Dauerhaftigkeitsklassen* gemäß DIN-EN 350-2 ableiten lassen. Für Fassaden gilt die Gebrauchsklasse 3.1 (siehe auch Kap. 3).

Oberflächenbeschichtungen sind Anstriche, die neben dekorativen Effekten vor allem eine wesentliche Verringerung der klimatischen Belastungen bewirken sollen, wie z.B. eindringende Feuchtigkeit infolge Regen sowie Ligninabbau durch UV-Strahlung. Keine Beschichtung wirkt dauerhaft, insbesondere bei Teilbeschädigungen von Anstrichen (z.B. durch Abblättern und Unterfeuchten der Farbe) kann das Holz an diesen Stellen stärker geschädigt werden.

Die Entscheidung für eine Holzfassade beinhaltet immer die Kernfrage: beschichtet oder unbeschichtet. Beide Varianten sind möglich, eine umfassende Beratung durch den Planer hinsichtlich der jeweiligen Konsequenzen ist unbedingt erforderlich.

Eine unbeschichtete Holzfassade führt innerhalb von spätestens 3 – 5 Jahren zur Vergrauung, eine beschichtete sollte in diesem Zeitrahmen nachgearbeitet werden.

Hölzer, die über einen hohen Harzgehalt verfügen (z. B. Lärche, Douglasie) eignen sich vor allem für unbeschichtete Fassaden, sind aber bei Beschichtungen eher problematisch, da die Harzgallen bei Erwärmung hervortreten und die Oberflächenbeschichtung an den Austrittsstellen beschädigt wird.

Art der Oberflächenbeschichtung	Funktionen
Farbgestaltung und –erhaltung (pigmentierte Lacke und Lasuren mit UV-Absorber)	• Farbgestaltung • Verhinderung von Farbänderungen • UV-Schutz • Verhinderung des Abbaus von Holzanteilen
Vorbeugender chemischer Holzschutz	• Schutz vor Mikroorganismen • Verhinderung des Abbaus von Holzanteilen
Anstrichfilme zum Feuchteschutz	• Reduzierung der Aufnahme von Regenwasser und Luftfeuchtigkeit • Reduzierung der Rissbildung und Dimensionsänderung
Anstrichfilme zum physikalischen Schutz	• Schutz vor Verschmutzung • Schutz vor mechanischen Einflüssen (begrenzt) • Verhinderung der Erosion der Holzsubstanz

Tabelle 6.1
Funktionen von Oberflächenbeschichtungen für Außenwandbekleidungen aus Holz und Holzwerkstoffen.

Schutzanstriche gegen Bläue-, Schimmel- und Algenbefall gehören nicht zur Standardimprägnierung, diese sind mit dem Auftraggeber ausdrücklich zu vereinbaren.

Jedes Beschichtungssystem ist nur für eine begrenzte Zeit wirksam.

Sägeraue Oberflächen sind saugfähiger als gehobelte: Das Holz nimmt mehr Anstrichmittel auf und dieses dringt tiefer ins Holz ein. Hierdurch werden die Wartungsintervalle verlängert.

Eine Beschichtung besteht in der Regel aus Grund-, Zwischen- und Endbeschichtung, die Angaben des Systemherstellers sind grundsätzlich einzuhalten. Das Beschichtungssystem muss für den Anwendungsbereich ausgewiesen sein, d.h. insbesondere für den Untergrund und die Klimabedingungen.

Werden Bekleidungen mit Oberflächenbeschichtung ausgeführt, ist die Grundbeschichtung (Grundierung und Zwischenbeschichtung) vor der Montage allseitig aufzubringen.

Hinweis: In der handwerklichen Ausführung (streichen oder rollen) sind die von den Herstellern definierten, gleichmäßigen Schichtdicken praktisch nicht ausführbar. Somit erlischt faktisch nahezu jede Produkthaftung!

Die Begriffe Dünn- oder Dickschichtlasur sind allein nicht aussagekräftig. Für die Funktionsfähigkeit einer Beschichtung ist neben den Inhaltsstoffen der Lasur vor allem deren Schichtdicke maßgeblich.

Wird nur auf der Vorderseite der Bretter die Grundbeschichtung aufgetragen, kann bei erhöhter rückseitiger Feuchtigkeitsaufnahme das sogenannte *Schüsseln* (besonders bei Seiten- und Halbriftbrettern) des Holzes verstärkt werden. Eine erhöhte Gefahr der Rissbildung im Holz und damit verbundenen Anstrichschäden sind nahezu unvermeidbar.

Bei der Detailplanung und der Montage von Holzfassaden sollte berücksichtigt werden, dass alle später nachzubehandelnden Flächen im Bereich von Stößen und Anschlüssen zu anderen Bauteilen für Wartungsanstriche zugänglich sind.

Die Holzfeuchte sollte beim Auftrag der Beschichtung maximal 15% betragen. Natürliche Quell- und Schwindbewegungen werden reduziert, somit verringert sich auch die Rissbildung des Holzes. *Grundsätzlich lässt sich eine Rissbildung aber nicht verhindern!*

Generell werden dunkel gestrichene Flächen durch den höheren Absorptionsgrad bei Sonneneinstrahlung deutlich stärker erwärmt als helle Flächen. Da sich die Holzoberfläche im Vergleich zum Holzinneren schneller aufheizt, können Risse entstehen und den Harzfluss forcieren. Je dunkler der Farbton, desto höher ist die Oberflächentemperatur im Sommer. Dunkel beschichtete Fassaden neigen daher eher zu Rissbildung als helle.

Ausführung der Holzkanten

Bei scharfkantigen Brettschalungen ist im Bereich der Kante kein ausreichender Farbauftrag möglich. Daher müssen die Kanten mindestens mit einem Radius von 2 mm abgerundet werden. Stirnseitige Schnittkanten sind mittels Schleifpapier zu brechen.

Bei allen Fassaden, bei denen die Holzüberdeckung durch Schwinden der Hölzer zurückgeht und störend sichtbare Farbtonunterschiede auftreten können, also z.B. bei Nut- und Federkonstruktionen, Stülpschalungen etc., ist vor der Montage mindestens eine Zwischenbeschichtung im endgültigen Farbton erforderlich.

6.27
Schnittkanten sind besonders sorgfältig zu schützen, da durch die Kapillarwirkung im Bereich des Hirnholzes eine hohe Feuchtigkeitsaufnahme stattfindet und zu Schäden führt. Das gilt vor allem, wenn das Hirnholz direkt der Witterung ausgesetzt ist. Die Schnittkanten sind vor dem Streichen mittels Schleifpapier zu brechen.

6.28
Alle Beschichtungen sind bei scharfkantigen Hölzern sowie horizontalen Flächen besonders gefährdet. Foto: M. Mohrmann

Für die Länge der Wartungsintervalle von Oberflächenbeschichtungen geben viele Hersteller Richtwerte an. Allerdings sind diese sehr stark von der UV- und Schlagregenbelastung abhängig. Bei einer wettergeschützten Nordfassade kann man, verglichen mit der schlagregenbelasteten Westseite, von einer mindestens fünfmal längeren Standzeit ausgehen.

Die Vorgaben und Empfehlungen der Hersteller, die diese für die Beschichtung von Holzwerkstoffplatten herausgeben, sind einzuhalten. Das gilt auch für die Beschichtung von zementgebundenen Spanplatten, die nur in ganz trockenem Zustand beschichtet werden dürfen, da sich ansonsten Zementschlieren auf der Oberfläche abzeichnen.

Ohne Oberflächenbeschichtung sollten Bekleidungen aus Massivholzplatten oder zementgebundenen Spanplatten nur eingesetzt werden, wenn vom Hersteller ein entsprechender Verarbeitungshinweis vorliegt.

Für die Beschichtung von Holzfassaden stellt das Merkblatt Nr. 18 des BFS (Bundesausschuss Farbe und Sachwertschutz, www.farbe-bfs.de) unter Punkt 11 eine Liste der für Holz, Holzbauteile und Holzwerkstoffe geltenden Normen, Richtlinien und Merkblätter zusammen. Dort werden allein 34 DIN-Normen aufgeführt, die alle relevanten Gewerke betreffen. Im Folgenden sind die wichtigsten Regelwerke aufgeführt, Richtlinien und Merkblätter, die für die Beschichtung von Holzfassaden von Bedeutung sind:

- DIN 18363, VOB Teil C „Maler- und Lackierarbeiten"
- DIN EN 460 „Dauerhaftigkeit von Holz und Holzprodukten"
- DIN EN 927-1 „Beschichtungsstoffe und Beschichtungssysteme für Holz im Außenbereich, Teil 1: Einteilung und Auswahl"
- DIN 68800, Teil 1und 2 „Holzschutz; vorbeugender chemischer Holzschutz"
  Quelle: Mappe, die Malerzeitschrift

Tabelle 6.2
Einsatzmöglichkeiten von Anstrichstoffen auf Holzfassaden. Quelle [3]

Einsatzmöglichkeiten für Anstrichstoffe auf Holzfassaden				
Anstrichstoff	Schichtdicke	Untergrund		Bemerkungen
		Fassadenbretter	Holzwerkstoffe	
unbehandelt		ja	nein	Oberflächen werden grau, teilweise auch schwarz
Imprägnierung/ Grundierung		ja	bedingt	Oberfläche altert gleichmäßiger, wird aber auch grau
Farblose Lasuren+Lacke	30 - 60 µm	nein	nein	im Außenbereich nicht geeignet
Dünnschicht-lasuren	≤ 30 µm	ja	bedingt	Risse im Holz möglich, gleichmäßige Abwitterung
Dickschicht-lasuren	60 - 80 µm	bedingt	bedingt	für nicht maßhaltige Fassaden weniger geeignet, Gefahr von Fäulnisbildung
Deckende Anstriche	80 - 120 µm	ja	ja	Bildung von Holzrissen möglich, max. Schichtdicken beachten

Aufbau der Anstrichstoffe

Anstrichstoffe setzen sich aus folgenden Hauptbestandteilen zusammen:

- Bindemittel
- Lösemittel
- Pigmente
- Füllstoffe
- Additive

Bindemittel

Die wesentlichen Eigenschaften eines Anstrichstoffes werden durch das Bindemittel bestimmt. Es bildet in der Regel einen Film, bestimmt die Beständigkeit, Bindung und Haftung auf dem Untergrund. Viele Lasuren sind auf der Basis wasserverdünnbarer Bindemittel aufgebaut.

Lösemittel

Die Lösemittel sind ein Bestandteil des flüssigen Anstrichstoffes. Sie lösen und verteilen die einzelnen Rezeptkomponenten, regulieren die Viskosität und ermöglichen es so, die Anstrichstoffe z.B. mit dem Pinsel oder mit einer Rolle zu verarbeiten oder auch zu spritzen. Im getrockneten Anstrich sind die Lösemittel nicht mehr enthalten. Viele Produkte enthalten Wasser als Lösemittel und belasten die Umwelt somit nicht.

Pigmente

Lasuren enthalten mikrofeine und transparente Pigmente für die Farbgebung. Diese Spezialpigmente absorbieren die schädliche UV-Strahlung. Deckende Holzfarben enthalten anorganische und organische Buntpigmente. Durch diese wird ein besserer UV-Schutz erreicht, es lässt sich nahezu jeder Farbton herstellen.

Füllstoffe

Spezielle Füllstoffe verbessern die Haftung, regulieren die Wasserdampfdurchlässigkeit, verstärken den Anstrichfilm, verbessern die Füllkraft und regulieren z.B. den *Glanzwert* der Anstrichstoffe. Dieser wird zwischen 0 und 100 festgelegt, wobei <10 für geringen Glanz, 10 bis 70 für mittleren Glanz und >70 für hohen Glanz steht (dies gilt für die gängigsten Normen, z.B. DIN 67530 und ISO 2813).

Additive

Additive sind Hilfsstoffe, die in kleinen Mengen zugefügt werden, um dem Anstrichstoff zusätzliche Eigenschaften zu verleihen. Sie ermöglichen es z.B., dass Lasuren auf Bretterlackiermaschinen schaumfrei zu verarbeiten sind, oder stellen eine wirksame Untergrundvernetzung der Farben auf Altanstrichen sicher.

Imprägnierungen

Imprägnierungen sind in der Regel farblose, lösemittelhaltige oder wasserverdünnbare, wirkstoffhaltige oder wirkstofffreie Produkte mit einem sehr geringen Festkörperanteil. Sie dringen (in Abhängigkeit von der Holzart) gut bis sehr gut in das Holz ein und transportieren die Wirkstoffe deshalb tief ins Holz hinein.

Im Fensterbau erfüllen sie eine sehr wichtige Funktion, indem sie die gefährdeten Stirnholzseiten weniger wasserempfindlich machen. Im Fassadenbereich erhöhen sie innerhalb des Anstrichaufbaus den Feuchteschutz.

Grundierungen

Eine Grundierung ist wichtig für die sichere Haftung der Lasuren oder Deckfarben auf dem Holzuntergrund. Grundierungen können farblos oder pigmentiert, lösemittelhaltig oder wasserverdünnbar sein. Es gibt auch Grundierungen, die Biozide enthalten. Spezielle Grundierungen haben Bestandteile, die ein Durchschlagen wasserlöslicher Holzinhaltsstoffe durch den Anstrichaufbau verhindern können.

Holzlasuren

Moderne, qualitativ hochwertige Holzlasuren enthalten transparente Pigmente. Diese bewirken, dass nur ein Teil des Lichts reflektiert und absorbiert wird. Der Teil des Lichtes, der den Holzuntergrund erreicht, lässt diesen dann farbig erscheinen. Transparente Eisenoxidpigmente haben eine durchschnittliche Teilchengröße von ca. 0,4 µm. Sie absorbieren die schädigende UV-Strahlung und wandeln diese in Wärme um. Die Pigmente sind sehr stabil und „verbrauchen" sich nicht, wie das bei organischen UV-Absorbern der Fall sein kann. Ein Lasureffekt kann auch mit nicht transparenten, kostengünstigeren Pigmenten und mit Universalmischpasten erzielt werden, indem man diese einfach in entsprechend geringer Menge verwendet. Dem mit solchen Produkten behandelten Holz fehlt aber die Brillianz und die Holzmaserung kommt nicht richtig zur Geltung.

Zudem ist die UV-Beständigkeit wegen der deutlich höheren UV-Durchlässigkeit geringer. Holzlasuren werden nur mit qualitativ hochwertigen transparenten Eisenoxidpigmenten und anorganischen Buntpigmenten formuliert.

Dünnschichtlasuren (Imprägnierlasuren)

In Deutschland werden die meisten Fassaden und Dachuntersichten aus Holz mit Dünnschichtlasuren gestrichen. In der Regel dringen sie gut in das Holz ein und geben einen guten physikalischen Holzschutz. Diese Lasuren haben einen Festkörperanteil bis ca. 30%. Verwendet man als Bindemittel Alkydharze in organischen Lösemitteln gelöst oder in wässriger Form,

Tabelle 6.3
Anforderungen an moderne Holzlasuren.
Quelle: www.arbezol.ch

Anforderungen an moderne Holzlasuren
• frei von flüchtigen organischen Verbindungen (VOC)
• biozidfrei
• gute Imprägnier- und Hafteigenschaften
• UV-Undurchlässigkeit
• gute Wasserdampfdurchlässigkeit
• guter Schlagregen- u. Auffeuchtungsschutz
• Maßhaltigkeit bei Fenstern und Türen
• kein Abblättern, kein Reißen
• gute Verarbeitungseigenschaften
• keine Streifen und Ansatzbildung
• gleichmäßige Farbgebung
• Schutz vor Bläue im Anstrichsystem
• einfache Pflege und Renovierbarkeit

6.29
Schadensbild einer mit Dickschichtlasur beschichteten Sperrholz-Plattenfassade. Insbesondere im Kantenbereich ist die Beschichtung abgeplatzt und durch Feuchtigkeit unterlaufen. Die Vergrauung deutet bereits auf einen längeren Feuchtigkeitseintrag hin. Die Stirnholzseiten stellen weitere Schwachstellen dar, da Quell- und Schwindprozesse dort ungleich ausgeprägter zum Tragen kommen als senkrecht zur Faser.

so erzielt man eine gleichmäßige Verwitterung. Die Lasur wittert von der Oberfläche her ab, ohne dass es zum Abblättern kommt. Lösemittelhaltige Alkydharzlasuren verblassen im Verhältnis zu wassergebundenen Lasuren auf Acrylbasis früher. Acryllasuren neigen jedoch bei längerer Bewitterung zum Reißen und Abschuppen, so dass der Renovierungsaufwand unverhältnismäßig höher ist.
Pro Anstrich ist eine Schichtdicke von etwa 5 bis 10 μm erreichbar. Für die industrielle Verarbeitung werden Dünnschichtlasuren so modifiziert, dass sich diese mit speziellen Lackiermaschinen verarbeiten lassen und schnell trocknen.

Dickschichtlasuren

Dickschichtlasuren haben einen Festkörperanteil von 30 bis 60% und werden für maßhaltige Bauteile wie Fenster und Türen eingesetzt. Sie halten das der Witterung ausgesetzte Holz trocken. Neben den klassischen lösemittelhaltigen Dickschichtlasuren gibt es auch hochwertige wasserverdünnbare Dickschichtlasuren auf Acryl- oder Alkydharzbasis. Im Fensterbereich ist die Blockfestigkeit ein wichtiges Kriterium für die Gebrauchstauglichkeit solcher Lasuren.
Wässrige Dickschichtlasuren auf Alkydharzbasis setzen sich aufgrund ihrer Standfestigkeit immer mehr durch und lassen sich auch im Wartungsfall einfacher nacharbeiten.

Bei deckenden Anstrichen liegen die Schichtdicken im Bereich von 80 - 120 μm, bei Lasursystemen zwischen 60 - 80 μm. Die Gleichmäßigkeit kann praktisch jedoch nur durch einen Spritzauftrag erreicht werden.

Hinweise zum Streichen von Dünnschichtlasuren

Eine Holzfassade sollte mit einem weichen Pinsel mit mindestens 3 cm Borstendurchmesser gestrichen werden. Es empfiehlt sich, die Pinselborsten nicht tiefer als halb in die Lasur oder Farbe zu tauchen und überschüssige Farbe gut abzustreifen. Ein ansatzfreier, homogener Farbauftrag wird durch ruhiges, gleichmäßiges Streichen *nass in nass* in Faserrichtung der Bretter erreicht. Während der Arbeitspausen sollte der Pinsel in Alu- oder Frischhaltefolie eingewickelt werden, so bleibt er feucht und streichbereit.

Nach dem Streichen wird die angebrochene Farbdose gut verschlossen und auf den Kopf gestellt, das erhöht die Lagerfähigkeit.

Schlammfarben

Schlammfarben werden seit vielen Jahrhunderten in allen nordischen Ländern als Holzschutzmittel eingesetzt – ein natürlicher, langlebiger und preiswerter Holzschutz.

Die bekannteste Schlammfarbe ist das *Schwedenrot*. Die Geschichte der schwedischen Schlammfarbe geht auf das 16. Jahrhundert zurück, als in Schweden der Kupferbergbau in Falun industrialisiert wurde. Zufällig erkannte man bei den Holzhäusern in der näheren Umgebung der Grube, die eine leichte Rottönung aufwiesen, dass diese nicht so schnell verrotteten wie andere Holzgebäude.
Im Laufe der Jahre wurde aufgrund dieser Erkenntnis weiter experimentiert und das Resultat immer weiter verfeinert. Das Rot entwickelte sich in den Städten zu einem Symbol für Wohlstand und fand im 19. Jahrhundert auch in den ländlichen Gegenden Verbreitung, wo es heute noch mehr denn je eingesetzt wird.

Zusammensetzung von Falu-Rödfärg®

- Mindestens 18% Pigmentanteil, gewonnen aus dem gebrannten Mulm des Faluner Kupferbergwerkes
- Wasser als Lösungsmittel
- Weizen- und/oder Roggenmehl (wird zusammen mit Wasser zu einem Kleister verkocht, der das Pigment bindet und an der Fassade hält)
- Etwa 8% Leinöl
- Eisenvitriol, konservierend; obwohl bereits im Pigment enthalten, wird zur Erhöhung der Haltbarkeit noch mehr zugesetzt.

Im Gegensatz zu anderen Schlammfarben enthält das Pigment Spuren von Blei, Kupfer und Zink in sehr niedrigen Konzentrationen. Somit, aber auch aufgrund der beschränkten Abriebfestigkeit ist die Farbe für Möbel und Kinderspielzeug ungeeignet.

Die Farbe kann auch selbst hergestellt werden (Rezept siehe Kasten). Die haltbarere Variante mit Leinöl ist nicht ganz einfach herzustellen, da das Leinöl bei etwa 90°C eingerührt werden muss. Ohne Leinöl hält die Farbe max. 5 - 7 Jahre auf der Fassade. Das wasserbasierende Falu Rödfärg® wird direkt auf die möglichst sägeraue unbehandelte Oberfläche aufgetragen. Auf eine Vorbehandlung mit Blaueschutz oder sonstigen Grundierungen sollte verzichtet werden.

Die Farbe ist diffusionsoffen.

- Standzeit: 10 - 15 Jahre und länger, gespritzt 5 - 8 Jahre. Glattes Holz reduziert die Standzeit deutlich!
- Ergiebigkeit: 3 - 4 m² / Liter;
- Glanzwert: matt (0),
- Farbe changiert im Lichteinfall, leichte Reflexion durch enthaltene Mineralien
- Trocknung: nach ca. 2 Stunden bei 20°C fingertrocken, überstreichbar nach 24 - 48 h.

Leinölfarbe

Leinöl, gewonnen aus einer der vermutlich ältesten Kulturpflanzen des Menschen, wird bereits seit sehr langer Zeit für den Holzschutz verwendet. Leinölfarbe wird in Skandinavien immer noch den meisten anderen Farben vorgezogen. In Deutschland werden Leinölfarben u.a. von der Fa. AURO hergestellt. Leinöl dringt tief in die Holzporen ein und füllt diese aus, was Naturöle im Vergleich zu mineralischen oder synthetischen Ölen besser können. Dadurch wird z.B. der Austritt von Harzen bei Nadelholz reduziert. Durch die Sättigung der Holzoberfläche mit Öl wird das Arbeiten sowie die Rissbildung des Holzes reduziert, vorhandene Risse im Holz können überbrückt werden. Leinölfarbe ist diffusionsoffen und wasserabweisend. Die Standzeit beträgt bei richtiger Grundierung ca.10 Jahre; Leinölfarbe reißt nicht, sondern kreidet eher ab.

Tabelle 6.4: Eigenschaften von Dünn- und Dickschichtlasuren.

Eigenschaften	Dünnschichtlasuren	Dickschichtlasuren
Festkörpergehalt	≤ 30%	30 – 60%
Anstrichfilm	nicht geschlossenen	geschlossen
Eindringtiefe	mittel	gering
Feuchteschutz	geringer	hoch, da filmbildend
Verwitterung	schnell aber gleichmäßig	Feuchteunterwanderung möglich, Folge: Fäulnis und Abblätterungen
Wartung/ Nachbehandlung	einfacher, Schäden gleichmäßig (Abrieb, Auswaschung)	aufwändiger, Schäden ungleichmäßig (Abplatzungen, Unterfeuchtung)
Anwendung	nicht maßhaltige Bauteile (Holzfassaden)	Maßhaltige Bauteile (Fenster und Türen)

6.30

Auf sägerauen Brettern ziehen Schlammfarben besonders gut ein und erreichen somit längere Standzeiten als auf gehobelten oder geschliffenen Hölzern.

Wie bei fast allen anderen Farben auch (außer bei Schlammfarben und den meisten Dünnschichtlasuren) ist eine Grundierung des unbehandelten Holzes notwendig. Die Vorbehandlung erfolgt mit einem Grundieröl. Danach folgt ein Sperr- und Haftgrund. Hierzu eignet sich eine 50:50-Mischung aus Leinölfarben und Balsamterpentin. Zum Schluss sollte das Holz zwei Deckanstriche erhalten – hierdurch kommt es zu einer gleichmäßigen Verteilung der Farbe sowie zu einer höheren Dauerhaftigkeit. Allerdings wird das Durchschimmern der Holzmaserung mit dem 2. Anstrich unterbunden. Ein dritter Anstrich erhöht die Perfektion der Oberfläche. Grundsätzlich gilt: viele dünne Anstriche sind besser als ein dicker!
Leinölfarben trocknen sehr langsam: Für den Sperr- und Haftgrund liegt die Trocknung bei ca. 4 - 6 Stunden, bei Deckanstrichen ist mit 24 - 48 Stunden Trocknungszeit zu rechnen.

- Standzeit: 10 Jahre und mehr;
- Ergiebigkeit: 6 – 8 m² / Liter;
- Glanzwert: schwach glänzend (30-35).

Emulsionsfarben
Emulsionsfarben sind reine Wasserfarben. Wasser dient dabei als Transportmedium zum Eintrag von Pigmenten, Bindemitteln, Konservierungsstoffen und Füllmaterialien in das Holz. Emulsionsfarben haften auf vielen Untergründen, sind sehr diffusionsoffen, lassen sich leicht verarbeiten und trocknen relativ schnell. Sie sind zudem auch noch extrem wetterbeständig sowie ausgesprochen ergiebig. Allerdings können sie, anders als z.B. (Lein-) Ölfarben, keine Risse füllen bzw. überbrücken.

Rezept zur Herstellung von Faluner Rot / Faluner Hellrot

Benötigt werden: 50 Liter Wasser,
2 - 2,5 kg Roggen- oder Weizenmehl,
2 kg Eisenvitriol, 8 kg Pigment

Ca. 45 Liter Wasser in einem Metallbottich zum Kochen bringen. Das Eisenvitriol zugeben und sich lösen lassen.
Das Mehl zur Vermeidung von Klumpen in den verbliebenen 5 Litern kaltem Wasser lösen und die Lösung anschließend in das kochende Wasser einrühren. Unter gründlichem Umrühren etwa eine halbe Stunde kochen lassen. Dann das Pigment einrühren. Die Farbe abgedeckt unter gelegentlichem Umrühren drei Stunden knapp am Sieden halten.
Nach dem Abkühlen auf unter ca. 40°C ist die Farbe gebrauchsfertig.

Variante: Farbe mit Leinöl verstärkt
Zusätzlich werden benötigt:
bis zu 4 Liter Leinölfirnis,
2 kg Pigment, Geschirrspülmittel

Durch das Leinöl wird die Farbe dunkler. Bei zu hoher Dosierung führt diese zu einer unerwünschten Filmbildung. Der Anteil an Leinölfirnis sollte 10% keinesfalls überschreiten. (Bei hellroter Farbe ein gutes Drittel weniger Leinöl verwenden!)
Der Firnis wird kurz vor Beginn der Abkühlphase eingerührt. In kleinen Dosen so lange Geschirrspülmittel als Emulgator hinzugeben, bis sich der Leinölfirnis in der Farbe vollständig löst (in Abhängigkeit von der Qualität des Spülmittels ca. 50 ml).

Anmerkungen
Eisenvitriol ist der konservierende Bestandteil der Farbe. Die Menge an Eisenvitriol hat auch einen Einfluss auf die Helligkeit. Je mehr Eisenvitriol – desto dunkler die Farbe. Wird das Eisenvitriol durch Zinkvitriol ersetzt, kann ein etwas helleres Ergebnis erreicht werden.
Mehl, das auf traditionelle Weise gemahlen wurde, ergibt einen besseren Kleister als industriell gemahlenes Mehl.
Wenn die Farbe von guter Qualität ist, bildet sich auf ihr eine Haut. In diesem Zusammenhang kommt der Kochzeit entscheidende Bedeutung zu. Etwa vier Stunden sind erforderlich, um einen guten Kleister zu erhalten.
Neue Anstriche fällen bisweilen kristallwasserhaltige Sulfate aus (http://de.wikipedia.org/wiki/Sulfate). Dies ist normal und gibt sich mit dem nächsten Regen. An gut geschützten Fassadenteilen kann man diese auch nach einigen Tagen sanft mit dem Gartenschlauch abspülen.

Quelle: www.farbmanufaktur.at

Verarbeitung: Emulsionsfarben können sowohl auf grundiertem Neuholz, auf lasiertem oder geöltem Altholz sowie auf alten Acryl- oder Acrylatfarben oder deckenden Ölfarben aufgebracht werden. Der Untergrund muss entsprechend der Herstellervorgabe vorbereitet werden.

- Ergiebigkeit: ca. 6 – 9 m²/Liter auf sägerauem Holz, ca. 9 – 11 m²/Liter auf gehobeltem Holz
- Glanz ca. 25 - 30 (halbmatt)
- Verdünnung / Reinigung mit Wasser
- Trocknung etwa 2 - 4 Stunden, abhängig von der Temperatur und der Luftfeuchte
- Verarbeitung über +8°C und unter +24°C

Mineralische Farben

Eine seit einigen Jahren bewährte Holzfassadenbeschichtung stellen die Silikatfarben dar, die von der Firma Keim entwickelt worden sind. Sie bestehen aus anorganischen Bindemitteln, z.B. Kaliumsilikat und Kieselsol, mineralischen Füllstoffen und anorganischen Pigmenten. Die Abbindung erfolgt durch eine chemische Reaktion des Bindemittels mit mineralischen Komponenten des Untergrundes, welche sich unlösbar miteinander verbinden.
Wesentliche Vorteile sind:

- absolute UV-Beständigkeit des Bindemittels und der Farbpigmente,
- extreme Witterungsbeständigkeit,
- einfache Renovierbarkeit.

Das System besteht aus zwei Komponenten: Die Basisbeschichtung enthält feinteilige silikatische Komponenten, welche die Holzoberfläche verfestigen und den Verbund zur anschließend aufgetragenen Farbbeschichtung herstellen.

Das System lässt sich deckend oder mineralisch lasierend auf gehobelten oder sägerauen Brettern oder Holzwerkstoffplatten auftragen, wobei die mineralische Textur sichtbar bleibt. Es gibt Referenzobjekte, die auch noch nach 15 Jahren eine optisch und bauphysikalisch intakte Beschichtung aufweisen. Im Gegensatz dazu haben herkömmliche Öl- und Dispersionsfarben Renovierungsintervalle von Abständen von vier bis acht Jahren.

Wartung und Pflege

Eine regelmäßige Wartung und Pflege ist bei beschichteten Holzfassaden wichtig, da die uneingeschränkte Schutzfunktion nur wenige Jahre vorhält. Es gibt keine festen Intervalle für die Wartung der Beschichtungen, zu unterschiedlich sind im Einzelfall die Belastungen der Fassade durch UV-Strahlung, Niederschläge und Wind: vier Himmelsrichtungen = vier unterschiedlich lange Wartungsintervalle.

Da die Angaben von Herstellern und Institutionen stark variieren und nur allgemeine Rahmenbedingungen gegeben werden (siehe Tabelle 6.5), empfiehlt es sich, die Fassade jährlich zu inspizieren und auf Beschädigungen, Abrieb, Auswaschungen etc. zu überprüfen. Im Frühstadium können Schäden noch punktuell ausgebessert werden. Erst im fortgeschrittenen Stadium, z.B. wenn der UV-Schutz nicht mehr funktionsfähig ist, wird Lignin abgebaut, was einen kompletten Neuaufbau des Beschichtungssystems erfordert. Allerdings ist in der Praxis das notwendige Bewusstsein für regelmäßige Wartungsintervalle nicht vorhanden.

Adressen
www.auro.de
www.arbezol.ch
www.caparol.de
www.keim.de
www.osmo.de
www.remmers.de
www.schwedischer-farbenhandel.de

6.31
Mehrfarbige offene Holzfassade mit mineralischem Anstrich einer Grundschule in Clenze/Wendland. Auch nach mittlerweile 5 Jahren sind noch keinerlei Verwitterungsspuren erkennbar.

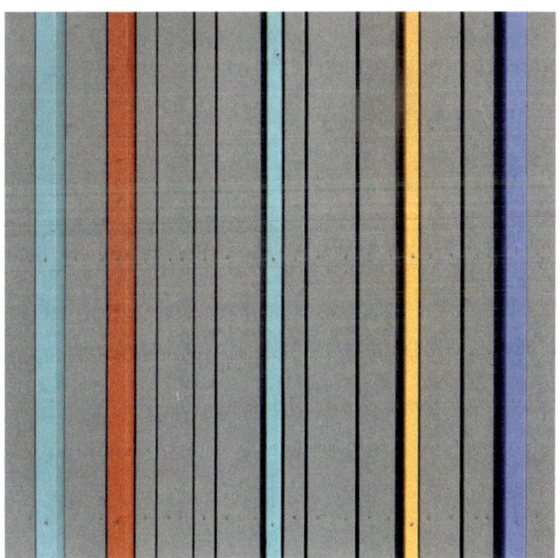

Adressen
www.capecod.ca
www.deha-holz.de
www.haeussermann.de
www.keim.de
www.mocopinus.de

Praxistipp
Eine einfache Möglichkeit, den Zeitpunkt für die notwendige Erneuerung einer mit Dünnschichtlasur gestrichenen Holzfläche zu erkennen, stellt die sogenannte *Wischprobe* dar. Man wischt mit einem nassen Lappen über die zu prüfende Fläche. Perlt die Feuchtigkeit ab, so ist die Lasur in Ordnung, verfärbt sich das Holz an dieser Stelle nach wenigen Minuten dunkel, so ist die Beschichtung soweit ausgewaschen, dass sie erneuert werden muss.

Endbehandelte Fassadenbretter

Mittlerweile bieten verschiedene Hersteller werkseitig gespritzte farbige Holzprofile an, deren Oberflächenqualität mit Pinsel und Rolle nicht zu erreichen ist. Teilweise werden langfristige Garantiezusagen gegeben, allerdings nur bei Einhalten der Verarbeitungsrichtlinien wie fachgerechtes Nachstreichen des Hirnholzes nach dem Zuschnitt.

Tabelle 6.5
Pflegeintervalle nach Angaben verschiedener Quellen, die jedoch unterschiedliche Klimabedingungen und Expositionen zugrunde legen.

Empfehlungen zu den Renovierungsintervallen (nach verschiedenen Quellen)				
Quelle	**Formulierung**	**Dünnschichtlasur**	**Dickschichtlasur**	**Lack**
Holzbau Schweiz, Dr. Klaus Richter (EMPA)	Haltbarkeit bei direkter Wetterbeanspruchung (Exposition s/w)	2 - 4 Jahre	3 - 6 Jahre	6 - 12 Jahre
Arbezol (Hersteller)	Empfohlene Instandsetzung für Arbezol Anstrichsysteme Klimabeanspruchung schwach Klimabeanspruchung mittel Klimabeanspruchung hoch	Lasuren 3 - 4 Jahre 2 - 3 Jahre 1,5 - 2 Jahre	deckende Systeme 4 - 6 Jahre 3 - 4 Jahre 2 - 3 Jahre	
Pentol (Hersteller)	Renovierungsintervall - Anzahl Anstriche - ungeschützte Lage - geschützte Lage		Lasierender Anstrich 4 2 - 4 Jahre 4 - 6 Jahre	deckender Anstrich 3 6 – 8 Jahre 8 – 12 Jahre
Holzforschung Österreich	Wartung und Renovierung in Abhängigkeit von der Oberflächenbehandlung geschützt exponiert	Imprägnierlasur/ Dünnschichtlasur 3 - 4 Jahre 1 - 2 Jahre	Mittelschichtlasur 5 - 7 Jahre 2 - 3 Jahre	Deckender Lack 10 - 15 Jahre 8 - 10 Jahre
Informationsdienst HOLZ Deutschland 1999	Wartung und Instandsetzung Außenraumklima Freiluftklima I Freiluftklima II	Dünnschichtlasur mit ausreichender Pigmentierung 8 - 10 Jahre 2 - 3 Jahre 1 - 2 Jahre	Dickschichtlasur mit ausreichender Pigmentierung 10 - 12 Jahre 4 - 5 Jahre 2 - 3 Jahre	Deckender Lack mit fungizider Ausrüstung 12 - 15 Jahre 5 - 8 Jahre 4 - 5 Jahre

Karbonisierte Holzfassaden

Diese traditionelle japanische Methode aus dem 8. Jahrhundert, Holz durch kontrolliertes industrielles Beflammen zu veredeln und zu konservieren (sog. Yagisugi-Methode) ist auch in Mitteleuropa in den letzten Jahren in Mode gekommen. Durch das Karbonisieren werden die Zellen an der Oberfläche verdichtet und somit entsteht ein Schutz gegen Verwitterung, Schädlinge und Schimmelpilze.

Verschiedene Intensitäten der Beflammung sind möglich, so dass sehr unterschiedliche Oberflächenstrukturen entstehen können, von einer braunen Oberfläche durch leichtes Beflammen bis zur völligen Karbonisierung der obersten Schicht, so dass eine fast lederartige, schwarz-silberne Oberflächenstruktur entsteht. Faserstrukturen und Maserung werden durch zusätzliches Bürsten betont. Allerdings sind Abfärbe- und Auswaschprozesse nicht zu vermeiden, die Hersteller bieten zur Verhinderung eine zusätzliche Imprägnierung an.

Es können alle Hölzer karbonisiert werden, die für den Bau von Holzfassaden geeignet sind. Bei astreichen Hölzern (z.B. Fichte) verkohlen die härteren harzreicheren Äste weniger als das Kernholz, so dass ein sehr lebendiger Gesamteindruck entsteht.

Vom Selbstbeflammen ist abzuraten, da eine Gleichmäßigkeit kaum zu erreichen ist. Wer ohnehin eine schwarze Holzfassade haben möchte, für den könnte das karbonisierte Holz eine ernsthafte Alternative zu konventionellen Beschichtungen darstellen.

Das *verkokelte* Erscheinungsbild ist Geschmacksache. Es ist anzuraten, sich vor einer solchen Entscheidung Referenzobjekte anzusehen, die bereits einige Jahre alt sind.

Beim Montieren karbonisierter Beplankungen müssen die Schrauben durch die teilweise mehrere Millimeter starke Holzkohleschicht bis auf die druckfesten Holzschichten durchgeschraubt werden, um ein späteres Wackeln der Bretter zu vermeiden. Karbonisierte Hölzer werden weder in den Fachregeln erwähnt, noch sind diese normativ erfasst, Bauherren müssen entsprechend aufgeklärt werden.

Adressen
www.mocopinus.de
www.nakamotoforestry.de
www.seidenholz.at
www.zwarthout.nl
www.burnedwood.nl
www.degmeda.eu

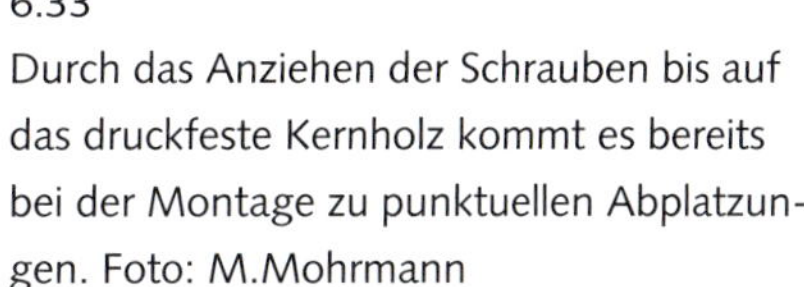

6.33
Durch das Anziehen der Schrauben bis auf das druckfeste Kernholz kommt es bereits bei der Montage zu punktuellen Abplatzungen. Foto: M.Mohrmann

6.32
Ferienapartments am Hafen von Aarhus/DK. Fassaden und Dächer bestehen aus karbonisierter Fichte. Die Äste sind durch ihre größere Härte und Harzgehalt schwerer zu beflammen, so dass die Karbonisierung dort nicht so ausgeprägt ist und die Oberfläche schneller auswäscht.

6.34
Oberflächenstruktur von karbonisiertem Holz nach einigen Jahren mit Gebrauchsspuren infolge Anlehnens von Fahrrädern o.ä.

7 Fassaden aus Holzwerkstoffen

7.1 Holzwerkstoffplatten

Plattenwerkstoffe aus Holz wurden entwickelt, um die Vorteile des Naturbaustoffes Holz zu nutzen und deren Nachteile zu verhindern, insbesondere das Schwinden und Quellen und das damit verbunden Reißen und (Ver-) drehen. Dafür wird Holz in unterschiedliche Formate wie Streifen, Furniere, Späne oder Fasern zerkleinert und anschließend mit einem Bindemittel (Phenol-, Resorcin- oder Melaminleim bzw. Zement) zu Platten gepresst. Je kleiner die einzelnen Holzbestandteile sind, desto größer ist der Bindemittelanteil der Platte. Liegt der Leimanteil einer Dreischichtplatte noch bei etwa 3 %, so erhöht sich dieser bei einer OSB-Platte bereits auf bis zu 15 %. Bei den aktuellen Entwicklungen der sogenannten HPL-Platten (High Pressure Laminate) entsteht ein fließender Übergang von einer Holzwerkstoffplatte zu einer zelluloseangereicherten Kunststoffplatte.

Holzwerkstoffplatten können als flächige Alternative zur klassischen Holzfassade betrachtet werden. Sie sind seit weit über 40 Jahren auf dem Markt, so dass auch über das Langzeitverhalten solcher Platten eine verlässliche Aussage gemacht werden kann. Aber auch hier gilt: Die meisten Holzwerkstoffplatten sind wartungs- und pflegeintensiv, nur die zementgebundenen Platten verfügen über sehr lange Wartungsintervalle und sind wetterbeständig.

Planung und Ausführung einer Plattenfassade erfordern eine größere Sorgfalt als die von Brettfassaden: Die Plattenfassade ist nicht nur empfindlicher als die Vollholzfassade, sondern auch anspruchsvoller in der Verarbeitung. Lassen sich bei der Bretterfassade Maßtoleranzen leicht ausgleichen, so erfordert der Plattenwerkstoff eine hohe Maßgenauigkeit beim Zuschnitt und bei der Verarbeitung.

Der Planer muss die Bauherren sorgfältig über die Dauerhaftigkeit, die Risiken und Nebenwirkungen informieren. Einen Preisvorteil gibt es im Vergleich zu Vollholzfassaden nicht. Selbst wenn bei sorgfältig detaillierten Fassaden ein geringerer Montageanteil anzusetzen ist, so sind Material und Oberflächenbehandlung doch wesentlich aufwändiger. In der Regel werden die Platten in der Werkstatt geschnitten und oberflächenbehandelt.

In Hinblick auf die Verarbeitung gelten für Holzwerkstoffplatten grundsätzlich die gleichen Verlegeregeln und Grundprinzipien wie für Vollholzfassaden. Im Einzelnen gelten folgende Regelwerke:

- Holzwerkstoffplatten, die für Außenwandbekleidungen verwendet werden, müssen für einen Einsatz in der Nutzungsklasse 3 nach DIN EN 1995-1-1 geeignet sein.
- Massivholzplatten (SWP) sind nach DIN EN 12775 definiert und müssen in

Tabelle 7.1: Vergleich zwischen Holz und Holzwerkstoffplatten im Fassadenbau.

Material	Gestaltungsvielfalt	Ausführung	Selbstbau	Materialkosten	Zeitaufwand
Holz	hoch, insbesondere hinsichtlich Kleinteiligkeit, Verlegeart, Struktur	vielfältige Verlegearten möglich	bei einfacher Detailausführung wenig Vorkenntnisse erforderlich, einfache Werkzeugausstattung ausreichend	25 – 90 €/m²	0,6 – 1,2 h/m²
Holzwerkstoffplatten	begrenzt, da die großen Plattenformate gestaltprägend sind. Höhere Planungsdisziplin erforderlich	ein sorgfältig geplantes Fugenbild und vernünftige Plattenproportionen sind eine zwingende Voraussetzung für ein ansprechendes Fassadenbild	nur mit mindestens 2 Leuten ausführbar, exaktes Zusägen der Platten erforderlich	30 – 70 €/m²	0,3 – 0,6 h/m²

der Außenverwendung dem Plattentyp SWP/3 entsprechen.
- Zementgebundene Spanplatten müssen den Regelungen nach DIN EN 634-2, Klasse 1 oder 2 entsprechen.

Alternativ ist eine Eignung entsprechend den Herstellerangaben nachzuweisen. Die Plattendicke muss mindestens 12 mm betragen, bei Dreischichtplatten mindestens 19 mm. Bei Massivholzplatten muss die Faserrichtung der Decklage vertikal verlaufen.

Bei Holzwerkstoffen (Ausnahme: zementgebundene Spanplatte), die eine Oberflächenbeschichtung erhalten, ist generell eine Versiegelung der Schmalflächen, d.h. der Kanten, erforderlich. Um ein Abplatzen der Beschichtung zu vermeiden, sind die Kanten der Holzwerkstoffplatten mit einem Radius von mindestens 2 mm abzurunden, Ausnahmen können sich bei industrieller Beschichtung ergeben.

Holzwerkstoffplatten sollten generell mit einer Hinterlüftung von mindestens 20 mm angebracht werden, mit Ausnahme von kleineren Flächen >0,4m² wie z.B. Fensterleibungen, -brüstungen und –stürzen.

Fugen werden generell mit einem Fugenband hinterlegt. Die Fugenbreite sollte 8 - 10 mm nicht unterschreiten.

Für alle Fassadenplatten ist eine bauaufsichtliche Zulassung erforderlich. Für den Fassadenbau wesentliche Holzplattenwerkstoffe sind:
- Dreischichtplatte aus Nadelholz,
- Fassadensperrholz,
- Furnierschichtholz,
- Zementgebundene Flachpressplatten.

7.1
Diese Fassade aus Dreischichtplatten an einem Bürogebäude in Dornbirn/Vorarlberg stammt aus den späten 1990er Jahren und wurde zwischenzeitlich gründlich überarbeitet.

7.2
Die Farbe kann die Spannungsrisse im unteren Bereich nicht verhindern. Die Abdichtung der Vertikalstöße aus grauem Silikon wurde auch erneuert: Eine wartungsintensive Lösung, denn bei Materialbewegungen von bis zu 4 mm reißt jede Versiegelung nach wenigen Jahren.

Dreischichtplatten aus Nadelholz

Dreischichtplatten wird seit ca. drei Jahrzehnten überwiegend in der Schweiz und in Österreich an Fassaden eingesetzt. Sie bestehen aus drei mit Phenol- oder Melaminharz verleimten Brettlagen: zwei Deckschichten und eine um 90°gedrehte Mittelschicht aus Nadelholz.

Die mehr als 6 mm dicken Decklagen und die Mittellage aus Brettern geben der Dreischichtplatte eine hohe Formstabilität, so dass sie sich als Fassadenplatte gut eignet. Sie wird überwiegend aus Fichte / Tanne hergestellt, es sind aber

7.3
Dreischichtplattenfassade mit großflächigen Schiebeelementen in Küsnacht/Schweiz. Die Fehlstellen im Bereich der Lamellen zeigen die strukturellen Schwachstellen des Materials auf.

auch Decklagen aus Lärche und Douglasie erhältlich. Mehrschichtplatten haben in der Regel geschliffene Oberflächen, durch Bürsten lässt sich die Faserstruktur betonen. Ziernuten zur Andeutung einer Brettstruktur o.ä. sind bis zu einer Tiefe von 4 mm möglich. In der Deckschicht können Äste, Risse und Astlöcher vorhanden sein.

Um ein Schüsseln durch ungleichmäßige Feuchteverteilung in der Platte zu vermeiden, müssen auch die Rückseiten der Platten mit mindestens einer Grundbeschichtung (Grundierung oder Melaminharzfilm) versehen werden. Es sollte darauf geachtet werden, dass die äußere Deckschicht über einen lotrechten Faserverlauf verfügt.

Fassadensperrholz

Bei Sperrholz-Fassadenplatten handelt es sich um Bau-Furniersperrhölzer gemäß DIN 68705-3. Sperrhölzer bestehen aus mehreren, meist 1,5 – 2,5 mm dicken, geschälten Furnierlagen, die symmetrisch zur Mittellage kreuzweise miteinander wetterfest verklebt wurden.

Zur Verklebung werden modifizierte Melaminharze, alkalisch härtende Phenolharze, Phenol-Resorcinharze und Resorcinharze verwendet. In der Regel werden die Fassadenplatten aus Douglas- Fichte, Southern Pine oder Khaya (Mahagoni) hergestellt und überwiegend aus Übersee importiert.

Die Fassadensperrhölzer werden mit sägerauer, geschliffener, gebürsteter, sandgestrahlter oder genuteter bzw. profilierter Oberfläche angeboten. Die Platten sind unbehandelt, grundiert oder endbehandelt lieferbar. Wie bei der Dreischichtplatte sollte auch hier eine Rückseitenbeschichtung erfolgen.

7.4
Lasierte Dreischichtplatte an einem Bürogebäude in Klaus/Vorarlberg, ca. 6 - 8 Jahre alt. Aus der Entfernung wirkt der grau-blaue Farbton versöhnlich, da die natürliche Vergrauung des Holzes (infolge ausgewaschener Farbe) durch die Farbgebung bereits ein Stück weit vorweg genommen wurde.

7.5
Im Detail erkennt man nicht nur die abplatzende Deckschicht, sondern auch die im Stoßbereich gerissene Mittellage, so dass Feuchtigkeit in die Platte eindringt und diese auf Dauer zerstört.

Zementgebundene Spanplatten
zementgebundene Flachpressplatten
Fichten- oder Tannenholzspäne werden mit Portlandzement Z 45 F als Bindemittel zu einem Plattenwerkstoff gepresst.

Bei einer werkseitigen Oberflächenbeschichtung wird auf der Sichtseite eine seidig matte Acrylatbeschichtung aufgebracht. Die Plattenrückseite wird transparent versiegelt. Für die Oberflächenbeschichtung steht eine breite Palette von Farbtönen und Strukturen zur Verfügung.

Alternativ kann eine bauseitige Farbendbehandlung mit werkseitig grundierten Platten erfolgen. Die bauseitige Beschichtung muss alkali- und witterungsbeständig sein und über die erforderliche Haftfähigkeit auf dem Untergrund verfügen. Ansonsten kann es zu Ausblühungen an den Oberflächen kommen.

Geeignet sind bindemittelreiche Dispersionsfarben auf Acrylbasis mit lichtechten anorganischen Pigmenten. Die Plattenkanten sollen nicht weiter beschichtet werden, um ein Ausdiffundieren von Feuchtigkeit zu ermöglichen. Damit entfällt auch ein Abrunden der Kanten.

Zur Befestigung auf der Unterkonstruktion werden von den Herstellern farblich abgestimmte Systemschrauben aus nicht rostendem Stahl angeboten. Für eine spannungsfreie Montage sind die Fassadenplatten an den Befestigungsstellen mit einem größeren Nenndurchmesser vorzubohren.

7.6 unten links und Mitte
Acht Jahre alte, unbehandelte Funierschichtholzplatte an einem Kindergarten in Hannover. Soll die Fassade natürlich vergrauen, so gelten die gleichen Grundprinzipien wie bei unbehandelten Lärchenholzfassaden. Auch wenn für diese Art der Fassadenbeplankung keine Empfehlung ausgesprochen werden kann, stellt sie eine preisgünstige Alternative zur unbehandelten Lärchenholzfassade dar, vorausgesetzt, man akzeptiert die Rauigkeit der Oberfläche und das Aufquellen im Bereich der Stöße.

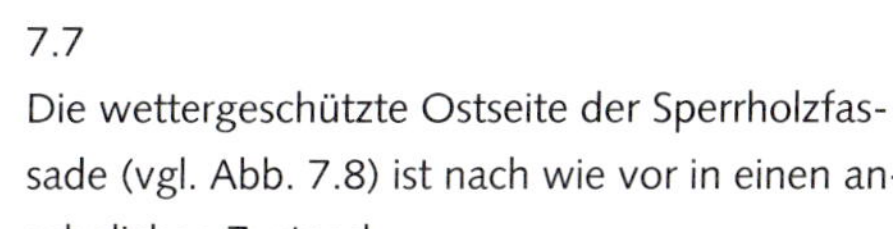

7.7
Die wettergeschützte Ostseite der Sperrholzfassade (vgl. Abb. 7.8) ist nach wie vor in einen ansehnlichen Zustand.

7.8
Sperrholzfassade an einem Wohnhaus in Bern/Schweiz. Fünf Jahre vor dieser Aufnahme war diese Fassade schwarz lasiert und wurde in namhaften Architekturzeitschriften gefeiert.

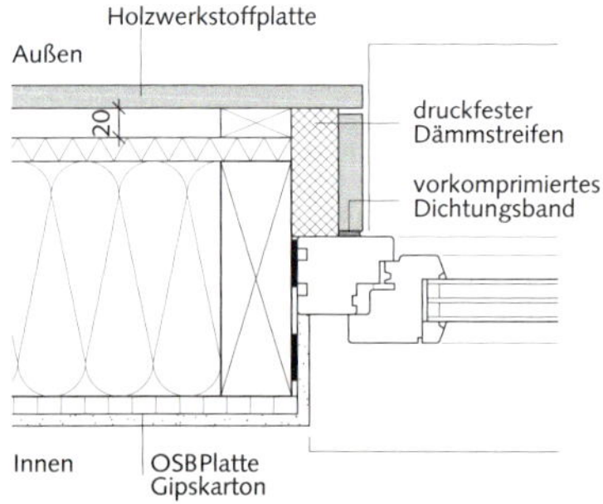

Lageebene Fenster Wandmitte

Überdämmter Fensterrahmen

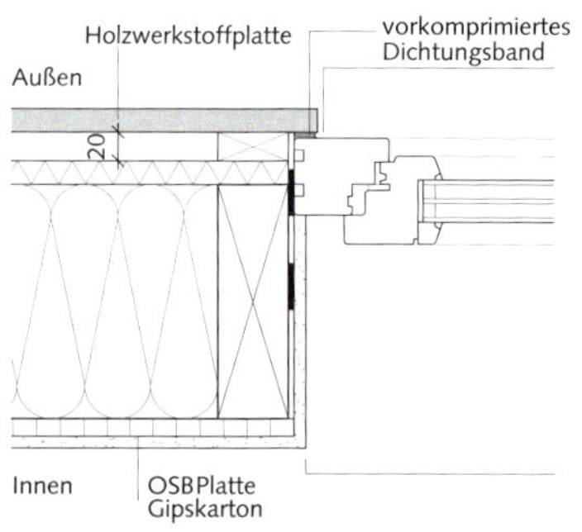

Lageebene Fenster Außen

Eckausbildung

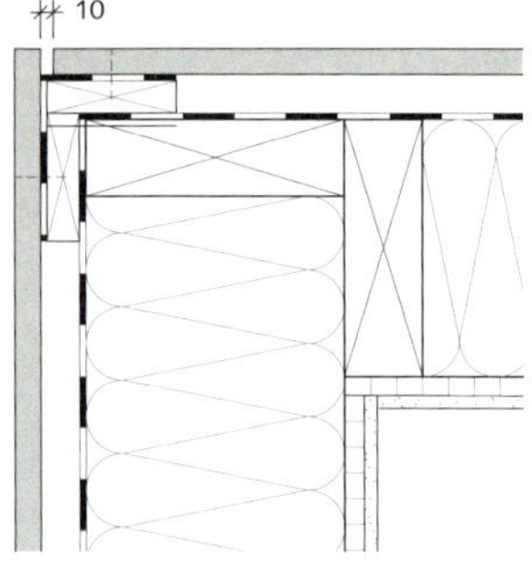

Vertikale Fugenausbildung

10

OSB-Platten

Die OSB-Platte (**O**riented **S**trand **B**oard) ist eine Grobspanplatte, die für raumbildende und aussteifende Funktionen im Innenbereich geeignet ist. Es liegt keine Zulassung als Fassadenplatte vor!

Trotzdem sind immer wieder Fassaden mit OSB-Platten gebaut worden. Auch ohne wirksame Dachüberstände und regelmäßige Schlagregenbelastung sind in den letzten Jahrzehnten sehr gute Erfahrungen (z.B. mit der Wetterschutzfarbe Consolan®) gemacht worden. Die Späne quellen im Laufe der Zeit etwas auf, die Kanten sind besonders sorgfältig zu behandeln.

7.9 *oben links und Mitte*
Fugenausbildung, Eckausbildung und Fensteranschluss bei Holzwerkstoffplatten.

7.10
Zementgebundene Holzspanplatte an einem Wohngebäude. Die Acrylatbeschichtung ist werkseitig aufgebracht (Eternit). Die offenen Fugen sind mit Fugenband hinterlegt.

7.11
OSB-Fassade eines Tischlereibetriebes. Auch wenn es keine Zulassung für die Anwendung im Außenbereich gibt, sind doch immer wieder gute Erfahrungen mit dieser sehr preiswerten Lösung gemacht worden, zumal Gewerbebauten oft für weniger als 20 Jahre geplant werden.

7.12
Eine Frage des Reinheitsgebotes? „Plan B" ist eine beschichtete MDF-Platte auf Accoya-Basis (siehe auch S. 22), die sich durch hohe Dauerhaftigkeit und Maßhaltigkeit auszeichnet: Optimierte Holzfassade oder Kunststoff-Fassade mit Holzanteilen?

Verbundplatten

Der Übergang von der Holzwerkstoffplatte zur sogenannten Verbundplatte ist fließend. Diese Produkte werden in Zukunft voraussichtlich einen höheren Stellenwert im Fassadenbau haben.

Die HPL-Platte (**H**igh-**P**ressure-**L**aminate) Platte besteht aus kunstharzgebundenen Zellulosefasern mit melaminbeschichteter, eingefärbter Oberfläche, die der Platte eine hohe Wetterbeständigkeit verleiht. Die Platten sind bereits ab 6 mm Stärke als Fassadenplatte zugelassen.

Eine andere Philosophie besteht darin, Holzwerkstoffplatten herstellerseitig mit einer mehrlagigen, hochwertigen Kunststoffbeschichtung zu ummanteln.

7.13 *oben Mitte*
Plattenfassade der Volksbank in Sulingen. Die Sperrholzplatten erhalten eine umlaufende Flüssigkunststoffbeschichtung, die in zahlreichen Farbtönen erhältlich ist. Werksfoto: Ceolan®

7.14 *oben rechts*
HPL-Platten-Fassade eines holzverarbeitenden Betriebes in Feldkirch/Vorarlberg.

Eignung von Holzwerkstoffplatten als Fassadenverkleidung

Plattentyp		unbehandelt	mit Oberflächen-behandlung	mögliche Probleme
Massivholz-platten	einschichtig	nicht geeignet	bedingt geeignet	Dimensions- u.Formänder.
	mehrschichtig	geeignet	geeignet	Rissbildung, Delaminierung
Span-Platten	kunstharzverklebt	nicht geeignet	nicht geeignet	Fäulnis, Dickenquellung
	zementgebunden	geeignet	geeignet	Dimensionsänderungen
OSB-Platten		nicht geeignet	bedingt geeignet	Fäulnis, Dickenquellung
Faserplatten		nicht geeignet	nicht geeignet	Wasseraufnahme
Furnier-platten	Furnierschichtplat.	nicht geeignet	nicht geeignet	Dimensionsänderungen,
	Sperrholzplatten	geeignet	geeignet	Schälrisse des Deckfurniers

Produkt	Plattenstärken (mm)	Abmessungen (mm)	Ober-flächen	Beschichtung	Baustoff-klasse	Quell- u. Schwind-maß [1]
Dreischicht-platte	Fichte: 19, 21, 22 und 27 mm Lärche: 19 mm	1250 x 5000 2050 x 5000	geschliffen, gebürstet	unbehandelt grundiert endbehandelt	B2	0,02
Sperrholz-platte	12, 15 und 18 mm	1220 x 2440 1250 x 2500	sägerau geschliffen, gebürstet	unbehandelt grundiert	B2	0,02
Zementge-bundene Spanplatte	8 - 20 mm endbehandelt 12 mm	1250 x 2600 1250 x 3100 1250 x 3350	geschliffen	unbehandelt grundiert endbehandelt	B1 bzw. A2	0,03
OSB-Platte	12 – 30 mm	1250 x 2500	roh geschliffen	unbehandelt	B1	0,03

Tabelle 7.2
Eignung von Holzwerkstoffplatten als Fassadenverkleidung in Abhängigkeit von der Oberflächenbehandlung. Quelle [2]

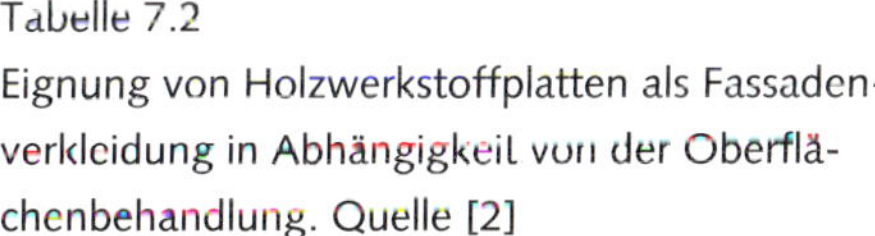

Tabelle 7.3
Lieferformen von Holzwerkstoffplatten.
[1] Längenänderung in %/%Feuchteänderung.
Quelle [3]

7.2 Befestigung von Plattenwerkstoffen

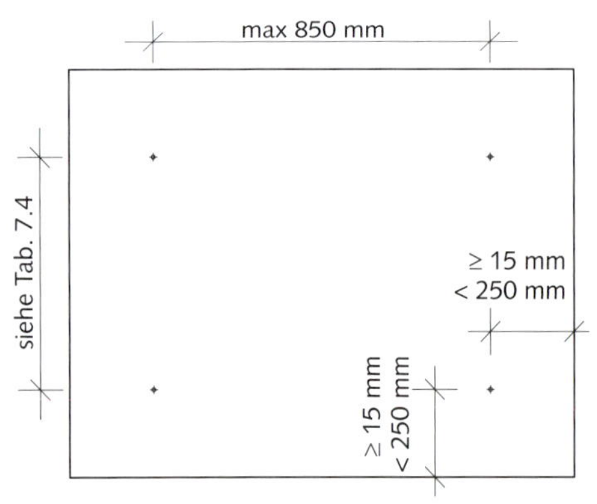

Die Holzwerkstoffplatten werden auf einer vertikalen Traglattung befestigt, deren Abstände voneinander ca. 65 - 85 cm betragen. Diese Traglattung unterscheidet sich in der Art und Dimension nicht von der Unterkonstruktion einer Brettfassade (siehe Kap.3.2). Die vertikalen Verankerungsabstände variieren je nach Lattenabstand, Schraubendurchmesser und Windzone (siehe Tab. 7.4). Als Befestigungsmittel sind ausschließlich Edelstahlschrauben zu verwenden, die Vorbohrungen sollten immer 1 - 2 mm größer als der Schraubendurchmesser sein, damit Längenänderungen infolge Quellens und Schwindens nicht zu Rissbildungen im Bereich der Schraublöcher führen.

7.15
Abstände der Befestigungen bei Außenwandbekleidungen mit Massivholzplatten.

Schrauben (Teilgewinde und Senkkopf)			
Schaft Ø		4 mm	5 mm
Kopf Ø		≥ 7,5 mm	≥ 9,4 mm
Eindringtiefe		≥ 24 mm	≥ 30 mm

Windzone	Abstand der Lattung mm	max. Verankerungsabstand mm	
1	≤ 650	750	850
	≤ 850	550	850
2	≤ 650	550	850
	≤ 850	450	700
3	≤ 650	450	750
	≤ 850	350	550
4	≤ 650	400	600
	≤ 850	300	450

Tabelle 7.4 *oben*
Befestigungen von Dreischichtplatten mit Plattendicken > 20 mm auf den Traglatten. Bei Plattendicken ≤ 20 mm sind die Verbindungsmittelabstände mit dem Faktor 0,65 abzumindern. Quelle [1]

7.3 Verlegung von Plattenwerkstoffen

Die Grundprinzipien der Verlegung von Plattenwerkstoffen unterscheiden sich nicht wesentlich von denen einer Brettfassade. Die größeren Plattenformate erfordern eine höhere Planungsdisziplin hinsichtlich des Fugenbildes. Die im Vergleich zur Brettfassade geringe Fugenzahl sowie die im definierten Abstand (abhängig vom Plattenmaß) verlaufenden Fugen müssen viel sorgfältiger auf Fenster- und Gebäudekanten abgestimmt werden.

7.16 *rechts*
Kreuzfuge einer Sperrholzplattenfassade. Die Platten sind unsichtbar an einem Schienensystem eingehängt. Mittlerweile können Holzwerkstoffplatten sogar mit der Unterkonstruktion verklebt werden.

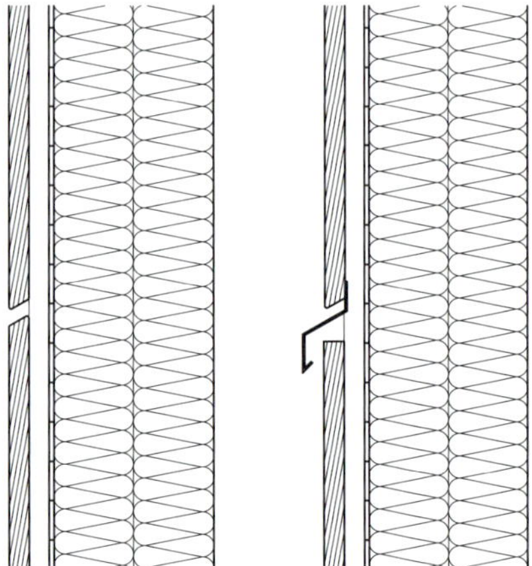

7.17
Ausbildung horizontaler Fugen als offene Fuge bzw. Überbrückung mit Z-Profil.

Allerdings sind die Eckausbildungen einfacher, da das Problem von sichtbaren Profilierungen, wie z.B. bei Stülpschalungen oder profilierten Brettern, entfällt.

Fugenausbildung

In der Regel werden alle Holzwerkstoffplatten mit mindestens 10 mm breiten Fugen verlegt. Bei beschichteten Platten sollten die Fugenbreiten nicht schmaler als 15 mm sein, um die Schmalflächen der Platten zwecks Wartung oder Erneuerung der Beschichtung mit dem Pinsel erreichen zu können.

Vertikale Fugen werden in der Regel mit einer Latte hinterlegt, auf der ein Kunststoffstreifen befestigt ist. Die Fuge kann auch mit einer schmalen Deckleiste abgedeckt werden. Die Kanten offener Horizontalfugen sind mindestens 15° anzuschrägen, um einen geregelten Wasserablauf zu ermöglichen. Die Beschichtung muss um die Kanten geführt werden, wobei diese unbedingt abzurunden sind. Die Ausführung der Fuge mit einer Z-Profil-Abdekkung aus Edelstahl-, Titanzink- oder Aluminiumblech betont die Horizontale.

Fazit

Die Holzwerkstoffplatten sind von ihrer Grundstruktur und von der Art des Bindemittels (Leim, Zement, Kunststoff) so grundsätzlich anders als Holz, dass sie nur noch wenig mit dem Werkstoff Holz gemein haben. Für die Anwendung bei vorgehängten Fassaden sind sie daher eher eine Alternative zu anderen Plattenmaterialien (Metall, Faserzement o.ä).

7.18
Lasierte Dreischichtplattenfassade beim Verwaltungsgebäude der Fa. Schindler, Ebikon/Schweiz.

7.19
Seitlicher Leibungsanschluss an die Fensterbank mit Führungsschiene für den Sonnenschutz. Die Oberflächenbeschichtung muss bei den offenen Ecken allseitig erfolgen, das Abrunden der Plattenecken ist zwingend erforderlich.

7.20
Ein klar gegliedertes Fugenbild und eine saubere handwerkliche Ausführung sind noch wichtiger als bei der Vollholzfassade.

8 Planung und Ausführung von Holzfassaden

8.1 Planungskriterien

Für die Entscheidung, eine Holzfassade zu bauen, gibt es zahlreiche rationale und emotionale Argumente. Allerdings empfiehlt es sich, *vor* der Ausführung über alle Konsequenzen der in Betracht kommenden Ausführungsarten nachzudenken und zu diskutieren – von grundsätzlichen Fragestellungen bis ins Detail.

Grundsätzlich gilt: Wer sich mit den verschiedenen Arten von Veränderung und Alterung sowie Wartung und Pflege nicht anfreunden kann, der sollte sich um andere Fassadenlösungen bemühen. Wer aus rein rationalen Erwägungen eine Holzfassade baut, der wird mit den spezifischen Eigenarten des Holzes dauerhaft nicht glücklich.

Bevor die Entscheidung endgültig getroffen wird, ist noch die baurechtliche Zulässigkeit zu prüfen. Ausschlaggebend hierfür sind die jeweiligen Landesbauordnungen (LBauO), die alle auf der Musterbauordnung (MBO, letzte Änderung 2019) aufbauen. Diese regeln die grundsätzliche Zulässigkeit, wie z.B. die Anforderungen an den Brandschutz und die eventuell daraus folgenden Konsequenzen hinsichtlich Abstandsregeln zwischen Gebäuden und zu den Grundstücksgrenzen.

In allen Landesbauordnungen sind für Außenwände von Gebäuden geringer Höhe (in der Regel bis 7 m von OK Terrain bis OK Fußboden des obersten Geschosses) die Feuerwiderstandsklassen B1 (schwer entflammbar, wie z.B. Hartholz, aber auch einige Plattenwerkstoffe) und B2 (normal entflammbar, wie z.B. Weichhölzer, wie Fichte, Kiefer, Lärche) zulässig. In den letzten Jahren wurden aber verschiedentlich auch höhere Gebäude mit Fassaden aus Holz- und Holzwerkstoffplatten erstellt. Dabei ist in der Regel bereits in der Planungsphase ein individuelles Brandschutzkonzept mit den zuständigen Bauaufsichtsbehörden entwickelt worden.

Sobald die rechtlichen Vorgaben und Spielräume verbindlich geklärt sind, sollte die Planung noch einmal hinterfragt und in ihren Varianten diskutiert werden:

- Welche grundsätzlichen Systemvor- und -nachteile bietet die Holzfassade gegenüber alternativen Fassadensystemen (Erstellungs- und Betriebskosten)?
- Soll eine naturbelassene oder eine beschichtete Holzfassade erstellt werden? Sind die tatsächlichen Folgekosten der Beschichtung transparent? Ist eine ausreichende Aufklärung über die Lebensdauer und die verschiedenen Verwitterungsphasen erfolgt?

Bauteil	**Geforderte Baustoffklassen nach MBO 2019 für Gebäude mit einer Höhe h des obersten Geschossfußbodens**		
	h ≤ 7 m	7 < h ≤ 22 m	h > 22 m
	Gebäudeklassen 1 - 3	Gebäudeklassen 4 - 5	(Hochhäuser)
Bekleidung	B2	B1[2)]	A
Unterkonstruktion	B2	B1[1)]	A
Wärmedämmung	B2	B1	A
Verankerungsmittel	A	A	A

[1)] B2 zulässig, wenn eine Brandausbreitung innerhalb der Konstruktion ausreichend lange begrenzt ist, z.B. durch geschossweise Anordnung im Brandfall aufquellender Dichtungsbänder

[2)] Hinweis: Bei eingeschossigen Aufstockungen besteht keine Gefahr eines Feuerüberschlags von Geschoss zu Geschoss. In Abstimmung mit der Bauaufsichtsbehörde kann in diesen Fällen für die Aufstockung die Verwendung von Baustoffen der Klasse B2 zulässig sein.

Tabelle 8.1
Geforderte Baustoffklassen nach der Musterbauordnung (MBO 2019) für die Konstruktionselemente von Außenwandbekleidungen. Besondere Brandschutzanforderungen sind bei geschossübergreifenden Hohl- und Lufträumen zu berücksichtigen. Quelle [1]

- Wie hoch ist der Veränderungsanspruch an die Fassade? Soll diese geschraubt, genagelt oder geklammert werden?
- Sollen die Bretter in horizontaler oder in vertikaler Richtung verlegt werden (unter Berücksichtigung von Fassadengestaltung und Verwitterung)?
- Wie sollen die Details an Gebäudeecken, Fensterleibungen, Dachanschlüssen und im Sockelbereich ausgebildet werden?

Diese grundlegenden und bewussten Entscheidungen sind *vor* Erstellung einer Leistungsbeschreibung und vor der Vergabe zu treffen und später mit dem ausführenden Handwerker zu optimieren.

So ist die Art der Detailausbildung wesentlich von den handwerklichen Qualitäten des Ausführenden abhängig. Sollte die ausführende Firma nicht über Mitarbeiter mit dem Blick für anspruchsvolle Details verfügen, empfiehlt es sich, die Anschlusspunkte entsprechend zu vereinfachen. Eine Schattenfuge von 12 mm verträgt eine Maßtoleranz von ± 2 mm, ohne unsauber zu wirken. Wird ein solcher Anschluss ohne Fuge geplant, so wirkt die gleiche Maßtoleranz eher dilettantisch. Insbesondere bei beschichteten Holzfassaden ist die spätere Erreichbarkeit der Stirnflächen mit dem Pinsel bereits bei der Detailierung zu berücksichtigen.

Maßnahmen zum Brandschutz von Holzfassaden
Entflammbarkeit des Materials auf die Anforderungen abstimmen
Einsatz brennbarer B1-/B2- und nicht brennbarer A1-/A2- Materialien
Schutz der Rettungswege vor herabfallenden Fassadenteilen
Reduzierung der Hinterlüftung auf das bauphysikalische Minimum zur Einschränkung der Kaminwirkung
Evtl. sogenannte Dämmschichtbildner einsetzen, die im Brandfall die Hinterlüftung verschließen
Vermeidung von Brandüberschlägen durch abschnittsweise nicht brennbare Materialien o. andere konstruktive Maßnahmen, wie Brandschürze durch herauskragende Bauteile (z.B. Balkone)
Verhinderung der Brandausbreitung durch Volldämmung mit mineralischer, feuchte- und formstabiler Dämmung, so dass wirksame Löscharbeiten von außen möglich sind

Tabelle 8.2
Wesentliche Maßnahmen zur brandschutzgerechten Holzfassade.
Quelle: Informationsdienst Holz

Leistungsverzeichnisse

Die Kunst besteht darin, die gewünschte Leistung so zu beschreiben, dass Umfang und Schwierigkeitsgrad der Arbeiten klar erkennbar sind und daraufhin ein faires Angebot zu erwarten ist. Ist das Leistungsverzeichnis zu allgemein gehalten („... machen Sie doch mal ein Angebot für eine Holzfassade"), so schlagen sich die nicht genau beschriebenen Leistungen in Form von teuren Nachträgen nieder. Beschreibt man die Leistung zu genau, sind die Handwerker verunsichert, was sich eher negativ auf den Preis auswirkt.

Der Regelaufbau (Holzart und -qualität, Verlegeart und -richtung, Oberflächenbeschichtung, Unterkonstruktion) sowie die wesentlichen Detailpunkte müssen zeichnerisch dokumentiert sein, ferner die Mengen (m^2 Fläche und lfdm Anschlüsse) sowie die Rahmenbedingungen der Baustelle (Befahrbarkeit, Lagerhaltung, Gerüst etc.).

Es empfiehlt sich, parallel zur Leistungsbeschreibung ein persönliches Gespräch mit den in Betracht kommenden Handwerkern im Rahmen eines Ortstermins zu suchen. Dabei lassen sich der Schwierigkeitsgrad und die Ausführungsdetails klären.

Tabelle 8.3
Beratungspflichten des Planers. Es ist ratsam, den Bauherrn umfassend aufzuklären bzw. sich die Lektüre dieses Buches schriftlich bestätigen zu lassen.

Beratung zu Risiken und Nebenwirkungen
• Wartungs- und Pflegeintervalle in Abhängigkeit von der Beschichtung
• Dauerhaftigkeit und Auswirkung verschiedener Beschichtungsarten und Farbtöne
• Vergrauungseigenarten in Abhängigkeit von Himmelsrichtung und Überständen
• Eigenarten von Hölzern, z.B. Harzgallen (Fichte) oder Verdrehen (Lärche)
• Gefahr von Schimmel- und Algenbildung
• Rissgefahr breiter Bretter
• Höhe des Sockels und Abschätzung des Belastungspotentials
• Vor- und Nachteile verschiedener Verlege- und Befestigungsarten

Für die Angebotserstellung sollten nicht weniger als 2, aber maximal 4 bis 6 Firmen aufgefordert werden, die Anzahl der Mitbewerber sollte den Bietern bekannt gegeben werden. Handwerker müssen eine reelle Chance haben, den Auftrag zu bekommen, damit es sich für diese auch lohnt, ein sorgfältig kalkuliertes Angebot zu erstellen. Ein Laie macht sich oft keine Vorstellung, wie viel Zeit die Erarbeitung eines seriösen Angebotes kostet.

Leistungsbeschreibungen sollten immer auf der Basis bereits vorhandener Ausführungspläne und Detailzeichnungen erstellt werden. Damit zwischen geforderter und kalkulierter Leistung möglichst wenig Kommunikationsprobleme entstehen, sind für die bautechnisch einwandfreie, dauerhafte und wirtschaftliche Ausführung einer Holzfassade folgende Angaben unerlässlich, die Angaben sollten durch eine beigefügte Werk- und Detailplanung (M. 1:50 - 1:5) illustriert werden:

- Äußere Rahmenbedingungen, z.B. Zugänglichkeit der Fassade, Lagerbedingungen etc.
- Gebäudehauptmaße
- Einzelflächen von Fassadenteilen
- Verankerungsgrund nach Art und Materialdicke, Stein- oder Betonfestigkeitsklasse
- Maßtoleranzen der Außenwand im Gebäudebestand
- Beschreibung der Unterkonstruktion mit Baustoffen, Sortierung, Abmessungen, Befestigungsmitteln, Verlegeabstand
- Holzart und -qualität, Abmessung, Verlegeart und -richtung,
- Befestigungsart und Abmessung, Werkstoff, Anzahl und Anordnung
- Angaben zur Beschaffenheit und Ausführung von Hinterlüftungsebenen einschließlich Art und Material des Kleintierschutzes
- Beschichtungssystem mit Beschaffenheit und Zahl der einzelnen Schichten sowie Art und Schichtdicke des Auftrages
- Anzahl, Länge und Art von Bauwerksanschlüssen und Übergängen (Schwelle, Geschosstrennung, Leibungen, Stürze, Dachanschluss, Gebäudeecken einschließlich notwendiger Abschlussprofile
- Fugenausbildung einschließlich notwendiger Hinterlegung bzw. Fugenprofile und einschließlich Mehraufwand für die Unterkonstruktion
- Zahl, Größe und Ausführung von Aussparungen und Durchdringungen

Für handwerkliche Arbeiten gilt in Deutschland die VOB (Verdingungsordnung für Bauleistungen, aktuelle Ausgabe von 2006, Teil C, Allgemeine Technische Vertragsbedingungen, Zimmer- und Holzbauarbeiten gemäß DIN 18334). In dieser wird verbindlich geregelt, welche Leistungen in einem Angebot enthalten sind und welche als zusätzliche Leistungen (z.B. Gerüst) gesondert zu vergüten sind. Die Modalitäten für Aufmaß und Abrechnung der fertig gestellten Arbeit werden ebenfalls rechtsverbindlich definiert.

8.2 Kosten von Holzfassaden

Kostenfaktoren

Die Kosten einer Holzfassade werden von folgenden Faktoren bestimmt:

- Holzart und Qualität
- Abmessungen des Holzprofils
- Oberflächenbeschichtung
- Unterkonstruktion
- Verbindungsmittel
- Verlegeart
- Art und Menge der Anschlusspunkte
- Verschnitt

Holzart und -qualität

Vergleicht man die einheimischen Holzarten miteinander, so bewegen sich die Kosten je nach Abmessung, Oberfläche grob zwischen 25 und 50 €/m², thermisch behandelte Hölzer sind ab etwa 50 €/m² erhältlich. Der Unterschied zwischen Fichte und Lärche beträgt ca. 5 €/m², sibirische Lärche ist ca. 20 – 30% teurer. Lediglich die amerikanische Red Cedar befindet sich mit ca. 80 – 100 €/m² in einem wesentlich höheren Preissegment.

Art und Abmessungen des Holzprofils

Die Abmessungen wirken sich weniger auf den Materialpreis des Holzes aus als auf die Arbeitszeit. Diese verhält sich umgekehrt proportional zur Breite der Bretter: Der Arbeitsaufwand für 7 cm breite Bretter ist nahezu identisch mit dem Zuschnitt und der Montage doppelt so breiter Hölzer, man erreicht jedoch nur die Hälfte der Deckfläche.

Überfälzte Schalungen lassen sich am leichtesten verarbeiten, da der Falz die genaue Position des nächsten Brettes vorgibt. Bei Boden-Deckel-Schalungen erhöht sich der Aufwand um ca. 15 - 20%, je nach Deckelbreite. Offene Rhombusschalungen müssen sehr exakt verlegt werden: Bei jedem Befestigungspunkt muss ein Abstandhalter eingelegt werden, oder die Traglatten müssen vorab mit einem *Riss* versehen werden.

Kostenfaktoren von Holzfassaden

Bezeichnung	Ausführung	Preis (€)	Zeit (h)
Holz (Preis und Zeit pro m²)	Fichte, Stülpschalung, gespundet, 22/125 mm	22,00	0,3 - 0,5
	Fichte, sägerau, konisch profiliert, 22/146 mm	24,00	0,3 - 0,5
	Lärche Deckelschalung, sägerau, 24/140 mm	26,00	0,4 - 0,6
	Douglasie, glattkant, gehobelt 21/145 mm	28,00	0,3 - 0,5
	Eiche Glattkant, astarm 21/140 mm	60,00	0,4 - 0,6
	Western Red Cedar, 21/120 mm	90,00	0,4 - 0,5
	Fichte, Thermoholz, profiliert, 19/200 mm	48,00	0,4 - 0,6
	Lärche, sibirisch, Rhombusprofil 27/96 mm	45,00	0,5 - 0,6
	Lärche, sibirisch, Doppelrhombusprof. 27/146 mm	55,00	0,2 - 0,4
Holzwerkstoffplatten (Preis und Zeit pro m²)	Dreischichtplatte, Lärche 19 mm	65,00	0,20 - 0,25
	Sperrholz, Fichte, wasserfest verleimt, 19 mm	18,00	0,20 - 0,25
	Zementgebundene Spanplatte, 18 mm, grundiert	26,00	0,25 - 0,35
	OSB 4-Platte, 18 mm	13,00	0,20 - 0,25
Unterkonstruktion (Preis und Zeit pro lfdm)	Traglattung 40/60 mm Lärche	3,00	0,08 - 0,12
	Konterlattung 20/100 mm	2,00	0,05
	UV-beständige regensichere Folie	4,00	0,05
	Holzfaser-Unterdeckplatte 20 mm	8,00	0,05 - 0,07
Endbehandlung (Preis und Zeit pro m²)	Grundierung + 2 Anstriche, industriell	24,00	
	Grundierung + 2 Anstriche, handwerklich	6,00	0,20 - 0,25
Verbindungsmittel (Preis und Zeit pro m²)	Nägel, gestaucht, verzinkt	0,80 - 1,6	0,06 - 0,10
	Nägel, gestaucht, Edelstahl	3,00 - 4,00	0,05 - 0,06
	Schrauben 5/50 V2A	4,00 - 6,00	0,06 - 0,10
	vorbohren		0,06 - 0,08
Anschlusspunkte (Preis und Zeit pro lfdm)	lfdm Leibung, Sturz	4,00 - 6,00	0,10 - 0,15
	lfdm Eckprofil, Holz	6,00 - 15,00	0,10 - 0,15
	lfdm Eckprofil, Metall	6,00 - 15,00	0,10 - 0,15
	lfdm Lüftungsgitter Lochblech	4,00 - 8,00	0,06 - 0,10
	lfdm Lüftungsgitter PVC	1,50 - 2,50	0,03 - 0,05

Tabelle 8.4: Kosten von Holzfassaden.

8.1 *oben*
Fassaden mit gleichen und kurzen Brettlängen und breiten Brettern sind am kostengünstigsten zu montieren. Es lassen sich große Mengen mittels Anschlag vorschneiden und vorbohren.

8.2 *unten*
Lärchenrhombusschalung bei einen Büroaufstockung in Wolfurt/Vorarlberg (Arch.: B. Spiegel). Jede Leiste muss einzeln vorgeschnitten werden. Allerdings können solche Fassaden heute mittels computergesteuerten Abbundanlagen millimetergenau hergestellt werden.

Oberflächenbeschichtung

Der Aufwand für die Oberflächenbeschichtung hängt zum einen von der Art der Beschichtung ab, vor allem aber von der Anzahl der Arbeitsgänge. In der Regel benötigt man einen Grundieranstrich sowie zwei Beschichtungsanstriche. Ferner muss der Aufwand für das Nachstreichen der Schnittflächen mit berücksichtigt werden. Werkseitige Beschichtungen sind in der Regel günstiger und haben obendrein einen gleichmäßigeren Farbauftrag. Allerdings kommt auch dabei das bauseitige Nachstreichen der Schnittstellen und Bohrungen hinzu.

Unterkonstruktion

Grundsätzlich benötigt man bei horizontal verlegten Brettern eine vertikal verlaufende Traglattung, bei Vertikalverlegung verläuft diese horizontal. Dafür ist noch eine zusätzliche Grundlattung für den widerstandslosen Wasserablauf vorzusehen. Für vertikale offene Rhombusschalungen sind oben abgeschrägte Traglatten in Lärche erforderlich, die in der Regel nicht lagermäßig vorrätig sind und einzeln angefertigt werden müssen. Man kann aber auch Rhombusprofile verwenden, welche normalerweise als Fassadenprofil verwendet werden.

Ein weiterer Kostenfaktor stellt die Befestigung der Unterkonstruktion auf der Wand dar. Wenn die Traglattung lediglich geschraubt werden muss, wie bei Holzunterkonstruktionen (z.B. bei Holzrahmenbauten), ist der Aufwand deutlich geringer als beim Dübeln in Stein- oder Betonuntergründe.

Verbindungsmittel

Die Wahl der Verbindungsmittel ist – bezogen auf die gesamten Fassadenkosten – nicht relevant. Die kostengünstigste Variante stellt das Klammern dar, bei den geschraubten Fassaden erfordert das Vorbohren fast den größten Aufwand. Der Mehraufwand bringt aber eine erhöhte Flexibilität im Hinblick auf die Wartung und die späteren Veränderungen.

Verlegeart /Brettlängen

Die Gliederung der Fassade, die Anzahl der zusammenhängenden Flächen, die Anzahl der am Stück zu schneidenden Bretter sind wesentliche Kriterien für den Arbeitsaufwand. Auch die Längen der einzelnen Bretter sind entscheidend:

Können der Zuschnitt und die Montage durch jeweils eine Person erfolgen oder ist eine zweite Person notwendig? Gerade lange Bretter (insbesondere aus Lärche und Douglasie, wenn diese längere Zeit in der Sonne liegen) werden bisweilen krumm und können, wenn überhaupt, nur mit Hilfe einer zweiten Person bei der Montage gerade gezogen werden.

Art und Menge der Anschlusspunkte

Der Aufwand für Anschusspunkte an Fenstern und Ecken ist oft höher als für die Fassade in der Fläche.

Das Anpassen einzelner Bretter ist sehr zeitaufwändig, vor allem, wenn es sich dabei um kleine Einzelflächen mit unterschiedlichen Schmiegen handelt (siehe Abb. 8.2). Der Arbeitsaufwand kann schnell die drei- bis fünffache Höhe gegenüber einer Fläche mit immer gleichen Brettern erreichen. Manche Anpassarbeiten sind nur nach tatsächlichem Aufwand abzurechnen und im Voraus kaum kalkulierbar.

Kostenbeispiel 1: Unbehandelte Lärche, vertikal, offene Fuge			€	h
Fassadenfläche	120 m²	Lärche Glattkant vertikal	3360,00	48
Verschnitt	10 %		336,00	
Traglattung	120 m²	Traglattung 40/60 mm horizontal	720,00	12
Konterlattung	120 m²	Konterlattung 20/100 mm	480,00	9
Verbindungsmittel	120 m²	Schrauben 5/50 Edelstahl	600,00	9,6
Oberflächenbehandlung	120 m²			
Leibungslänge	40 lfdm	Leibung, Sturz	200,00	8
Gebäudeecken	15 lfdm			
Lüftungsgitter unten+oben	80 lfdm	Lüftungsgitter PVC	160,00	3,2
Arbeitszeit (h)				89,8
Materialkosten (€)			5.856,00	52%
Lohnkosten bei einem Stundensatz von 60 €/h			5.388,00	48%
Summe			**11.244,00**	**100%**
Kosten fix und fertig € /m² (ohne MWST.)			**93,70**	

Kostenbeispiel 2: Endbehandelte Stülpschalung, horizontal			€	h
Fassadenfläche	120 m²	Fichte, sägerau, profiliert	2880,00	48
Verschnitt	10%		288,00	
Traglattung	120 m²	Traglattung 40/60 mm vertikal	720,00	12
Konterlattung	120 m²			
Verbindungsmittel	120 m²	Schrauben 5/50 Edelstahl	600,00	9,6
Oberflächenbehandlung	120 m²	Endbehandlung werkseitig	2880,00	2
Leibungslänge	40 lfdm	Leibung, Sturz	200,00	8
Gebäudeecken	15 lfdm	Eckprofil Holz	150,00	2,7
Lüftungsgitter unten+oben	80 lfdm	Lüftungsgitter PVC	160,00	3,2
Arbeitszeit (h)				85,5
Materialkosten (€)			7.878,00	61%
Lohnkosten bei einem Stundensatz von 60 € /h			5.130,00	39%
Summe			**13.008,00**	**100%**
Kosten fix und fertig € /m² (ohne MWST.)			**108,40**	

Tabelle 8.5 : Kostenermittlung für verschiedene Holzbekleidungen. (Stand 2023)
Die Grundkosten für Unterkonstruktion, Holz und Verbindungsmittel unterscheiden sich nur unwesentlich voneinander, ein wesentlicher Kostenfaktor ist die Beschichtung der Bretter und in Abhängigkeit zur Verlegerichtung die Länge und Aufwand für Anschlussdetails.

Verschnitt

Handelsübliche Bretter werden heute in Längen angeboten, die sich, abgestuft in 30 cm Schritten, meistens zwischen 2,70 m und 4,80 m bewegen. Wenn man vorher das Fassadenbild und die Fassadengliederung mit horizontalen und vertikalen Stößen im Maßstab 1:50 aufreißt, kann eine exakte Festlegung der einzelnen Brettlängen auf ± 5 cm genau erfolgen. Berücksichtigt man, dass bei jeder Lieferung einzelne fehlwüchsige Bretter vorhanden sind (z.B. Drehwuchs, herausgefallene Äste etc.), so beziffert sich der Verschnitt auf ca. 5 – 10% der tatsächlich benötigten Holzmenge.

Kostenbeispiele

Die Kosten einer Holzfassade sind materialseitig relativ leicht zu ermitteln. Die Materialpreise sind in jedem Holzhandel, im Baumarkt oder im Internet erhältlich. Der Montageaufwand ist entscheidend vom Schwierigkeitsgrad, der Größe der Einzelflächen, Art und Menge von Anschlusspunkten und von den örtlichen Verhältnissen abhängig. Die nachfolgend ermittelten Zeitvorgaben sind als Richtwerte für einfache Fassaden zu verstehen, ohne individuelles Anpassen von Einzelflächen wie Schmiegen oder aufwändigen Eckausbildungen und bei durchschnittlicher Schnelligkeit der Handwerker.

Nicht berücksichtigt sind Transport- und Logistikzuschläge. Bei Heimwerkern sind die Zeitansätze um ca. 50 – 100% höher anzusetzen.

Der Preisunterschied zwischen den einzelnen Fassadenarten unter Berücksichtigung der gängigen Materialien ist vom Grundsatz her nicht wesentlich, allerdings weichen die Angebote der Handwerker je nach Marktsituation und Region erheblich von den hier gemachten Angaben ab. Alle Preisangaben sind ohne Mehrwertsteuer zu verstehen.

Kostenbeispiel 3: Endbehandelte Dreischichtplatte			**€**	**h**
Fassadenfläche	120 m²	Dreischichtplatte 19 mm	7800,00	30
Verschnitt	10%		780,00	
Traglattung	120 m²	Traglattung 40/60 vertikal	360,00	12
Konterlattung	120 m²			
Verbindungsmittel	120 m²	Schrauben 5/50 Edelstahl	180,00	4,8
Oberflächenbehandlung	120 m²	Grundierung + 2 Anstriche	720,00	24
Leibungslänge	40 lfdm	Leibung, Sturz	120,00	8
Gebäudeecken	15 lfdm			
Lüftungsgitter unten+oben	80 lfdm	Lüftungsgitter PVC	160,00	3,2
Arbeitszeit (h)				82,0
Materialkosten (€)			10.120,00	67%
Lohnkosten bei einem Stundensatz von 60 €/h			4.920,00	33%
Summe			**15.040,00**	**100%**
Kosten fix und fertig €/m² (ohne MWST.)			**125,33**	

Tabelle 8.6
Kostenermittlung für eine Holzwerkstoffplattenverkleidung (Stand 2023).
Die Kosten unterscheiden sich kaum von Brettverschalungen.

8.3 Selbstbau von Holzfassaden

Es gibt kaum dankbarere und befriedigendere Tätigkeiten beim Neubau oder bei der Sanierung von Gebäuden als den Selbstbau einer Holzfassade. Im günstigsten Fall erfreut man sich über Jahrzehnte bei jedem Nachhausekommen über die selbstgebaute Fassade, die aufgrund ihrer optischen Dominanz das Gefühl vermitteln kann, sein Haus selbst gebaut zu haben. Umgekehrt kann man sich aber auch leicht jeden Tag aufs Neue über schludrig ausgeführte Details und unsauber gestrichene Bretter ärgern.

Die Voraussetzungen für den gelingenden Selbstbau sind eine gute Planung und selbstbaufreundliche Detailausbildungen. Für die Motivation auf der Baustelle sind eine gute Organisation, richtig bemessener Materialeinkauf und vernünftiges Werkzeug entscheidend.

Der Unterschied zwischen einer professionell geführten Baustelle und einer selbst organisierten ist grundsätzlicher Art. Ist eine von guten Handwerkern gebaute Fassade das routinierte Ergebnis handwerklicher Fähigkeiten in Verbindung mit einer optimalen Baustellenlogistik (Personal- und Maschineneinsatz) sowie dem positiven Zeitdruck, die Arbeit in der kalkulierten Zeitvorgabe zu schaffen, so stellen die meisten Selbstbaustellen eine Mischung aus Improvisation, individuellen (Un-) Glücksgefühlen und unnötiger Lauferei dar.

Im Folgenden werden daher ein paar grundsätzliche Hinweise gegeben, die aus der jahrzehntelangen Erfahrung mit Selbstbauern entstanden sind. Am Anfang stehen einige grundsätzliche Überlegungen zu den Rahmenbedingungen:

- Warum baue ich meine Fassade selber (Geld sparen, Selbstverwirklichung, Zeitvertreib, sportliche Aspekte ...)?
- Wobei spare ich tatsächlich? (Für welche Arbeiten braucht ein Laie dreimal so lange und könnte in dieser Zeit besser putzen gehen?)
- Welche handwerklichen Fähigkeiten sind erforderlich (sägen, schrauben, bohren, pinseln, organisieren, gute Laune verbreiten und Getränke organisieren)?
- Welche Werkzeuggrundausstattung ist erforderlich? Werkzeug kann man nie genug haben! An jedem Arbeitsplatz müssen alle erforderlichen Werkzeuge vorhanden sein. Bohrmaschinen werden nicht auf der Baustelle spazieren geführt: Wenn z.B. an zwei verschiedenen Orten Bohrungen auszuführen sind, dann werden auch zwei Bohrmaschinen benötigt. (Und immer genügend Ersatzbohrer, Bits und Akkus bereithalten.)
- Wie viele Leute sind notwendig? Eine Fassade alleine zu bauen ist nur dann möglich, wenn die Fassade horizontal in Segmente geteilt ist. Man schneidet und bohrt 20 Bretter vor, legt sie sich auf dem Gerüst zurecht und schraubt sie an. Das Alleinbauen einer Fassade entspricht mehr einer Bewegungstherapie als einer ernstzunehmenden Arbeit.

8.3
Gute Arbeitsorganisation und Werkzeugausstattung sind wesentliche Voraussetzungen für eine funktionierende Selbstbaustelle. Der Säger kann auch gleich das Nachstreichen von Schnittstellen mit übernehmen.

8.4
Wiederkehrende Arbeiten wie das Vorbohren der Bretter erledigt man am Besten am Fließband: mehrere Bretter gleichzeitig anreißen und hintereinander bohren. Am besten streicht man die Bretter erst nach dem Zuschneiden und Bohren. Das erspart eventuell den Arbeitsgang des Nachstreichens.

8.5
Die Montage der Fassade ist – schon wegen der Länge der einzelnen Bretter – nur zu zweit auszuführen, nicht zuletzt, weil man allein nicht zwei Brettenden gleichzeitig justieren kann. Ferner ist ein vernünftiges Gerüst notwendig. Das Arbeiten von der Leiter ist nicht nur gefährlich, sondern Sparsamkeit am falschen Platz.

8.6
Es lohnt sich auch, sich hin und wieder ein paar Tricks von den Profis abzuholen: der Zollstock als Abstandshalter zwischen den Brettern.

- Wer bedient welches Werkzeug? Die Person an der Säge ist die wichtigste, hier laufen alle Informationen zusammen. Wie lang ist das Brett? Muss noch einmal nachgesägt werden? Nebenher lassen sich auch die Bretter vorbohren. Vom Sägeplatz aus wird die Baustelle gemanagt, es wird Sichtkontakt zum Fassadenschrauber benötigt, um auf Zuruf dessen Anweisung auszuführen: „Nächstes Brett 2 mm kürzer!"
- Wie groß muss der Arbeitsplatz sein? Wie viel Arbeits- und Bewegungsfläche ist erforderlich? Wo lagert man welches Material? Welches Werkzeug benötigt man in Griffweite?
- Welche Lagerhaltung ist erforderlich? Wie viel Material kann in der nächsten Woche, im nächsten Monat verarbeitet werden? Kann das Holz ausreichend trocken und luftig gelagert werden?

Der Bau einer Holzfassade bedarf keiner besonderen Vorkenntnisse, sondern eher einer grundsätzlichen Sicherheit im Umgang mit Kappsäge, Bohrmaschine und Akkuschrauber. Für Laien bietet sich an, die Fassade zu schrauben, da Befestigungsfehler einfach und schnell korrigiert werden können.

Tabelle 8.7
Typische Fehler beim Selbstbau. Der Bau einer Holzfassade ist weniger eine Frage der handwerklichen Fähigkeiten als die der Baustellenlogistik. Eine sorgfältige Vorbereitung und ausreichende Ausstattung sind notwendig, um maximale Erfolgserlebnisse im Verhältnis zum Zeitaufwand zu bekommen.

Arbeiten mit hohem Präzisionsanspruch, wie Anschluss- und Eckausbildungen sollte man nur bei optimalen Bedingungen ausführen, d.h. bei gutem Wetter und hoher Konzentration. Über ein sorgfältig ausgeführtes Eckdetail kann man sich hinterher jeden Tag aufs Neue freuen – im umgekehrten Fall wird man noch jahrelang mit seiner Ungeduld oder dem eigenen Dilettantismus konfrontiert.

Es gibt genügend Vorarbeiten wie das Bauen von Unterkonstruktionen, die keinen Schönheitspreis gewinnen müssen. Diese Arbeiten erledigt man dann, wenn man gerade nicht die Geduld für anspruchsvolle Detailarbeit hat.

Typische Selbstbaufehler
• Ständige Besuche beim Baumarkt, Einkauf in Häppchen
• Endlose Diskussionen unter Selbstbauern über die Ausführung
• Die falsche Person am falschen Platz
• Unnötiges Warten auf die Arbeitsschritte anderer
• Lange Wege auf der Baustelle
• Ständiges Umspannen von Bohrern; Bits u.ä.
• Umstöpseln von Steckern
• Umstapeln von Material
• Lange Vor- und Nachbereitungszeiten im Verhältnis zur reinen Arbeitszeit
• Fehlendes oder mangelhaftes Gerüst
• Fehlendes oder mangelndes Werkzeug
• Falsche Jahreszeit, Kälte und frühe Dunkelheit
• Schwierige Fummel- und Feinarbeiten ohne Geduld

8.4 Sanierung einer Holzfassade

Irgendwann ist es soweit: Die Holzfassade hat einen Zustand erreicht, der mit dem Begriff *unerträglich* umschrieben werden kann. Die Oberflächen entsprechen weder farblich noch von der Qualität der Beschichtung den aktuellen Maßstäben: Am Beispiel einer 12 Jahre alten Stülpschalung wird im Folgenden die grundlegende Sanierung der Oberfläche beschrieben. Im Kapitel 1 wurde auf die Tradition der nordischen Länder hingewiesen, die Fassaden regelmäßig überzustreichen, bis nach Jahrzehnten oder gar Jahrhunderten die Fassade eigentlich nur noch aus Farbschichten besteht, was für die Austrocknung des Holzes nicht förderlich ist. Jede Fehlstelle der Oberflächenbeschichtung führt zum punktuellen Wassereintritt und damit zur partiellen Verrottung des Holzes. Alte nordische Fassaden legen ein Zeugnis davon ab. Die Farbschicht mutiert zur Tragkonstruktion. Bei genauer Betrachtung entsprechen diese Oberflächen aber nicht unseren heutigen Standards. So bleiben nur zwei Möglichkeiten zur Auswahl: Abriss und Neuaufbau – oder Sanierung.

Beim Abriss und Neuaufbau stellt sich vor allem die Frage der Entsorgung. Unbehandelte Fassaden können einfach verheizt oder kompostiert werden, solche mit farbigem Anstrich müssen entsprechend der örtlichen Abfallvorschriften entsorgt werden.

Bei der Sanierung farbig behandelter Hölzer ist häufig ein kompletter Neuaufbau des Farbsystems erforderlich, insbesondere, wenn der Farbton geändert werden soll. Das folgende Beispiel zeigt eine Möglichkeit auf, den Anstrich einer Fassade zu entfernen und diese für einen Neuanstrich vorzubereiten.

Die Befestigungsart (geklammert, genagelt oder geschraubt) ist der einschränkende Faktor bei dieser Entscheidung: Lassen sich die Fassadenbretter abnehmen oder muss die Farbbehandlung an der Fassade erfolgen? Geschraubte und vorgebohrte Bretter sind in kurzer Zeit entfernt, ohne dass der Randbereich der Schaublöcher aufbricht – und später wieder angeschraubt. Der reine Montageprozess erfordert den geringsten Zeitaufwand beim Bau einer Holzfassade, da der Zuschnitt der Bretter sowie das sehr zeitaufwändige Anpassen von Ecken und Schmiegen entfallen. Ist die Fassade auch noch strukturiert und in einzelne Segmente unterteilt, kann die Arbeit in verschiedenen Arbeitsabschnitten erledigt werden. Darüber hinaus können die abgenommenen Bretter vollflächig gestrichen werden, so dass auch weitere Schwindprozesse nicht zu Farbabweichungen an den Überlappungen führen.

Der Aufwand für das Entfernen vorhandene Farbreste ist entscheidend. Ist die Fassade mit einer Dünnschichtlasur gestrichen, so lässt sich diese relativ einfach mittels eines Hochdruckreinigers entfernen (siehe Abb. 8.8). Von einer mechanischen Entfernung (Abschleifen) des Altanstriches ist dringend abzuraten, da die hohe Fein-

8.7
Fassade vor der Sanierung. Die Dünnschichtlasur war nach 12 Jahren großflächig ausgewaschen, ausgebleicht und verschmutzt.

8.8
Nach der Demontage der Bretter wird die restliche Farbe mittels Hochdruckreiniger entfernt. Hierzu wird eine Plane im Garten so verlegt, dass sich am tiefsten Punkt das Wasser sammeln kann. Innerhalb kurzer Zeit setzt sich die Farbe unten ab, das klare Wasser kann über einen Überlauf im Boden versickern. Die in der Plane abgesetzte Farbe lässt man austrocknen und kann diese als Fladen abziehen und kontrolliert entsorgen.

8.9
Bretter gut durchtrocknen lassen und anschließendes Überschleifen mit einem Schwingschleifer (Körnung 120), um einen optimalen Untergrund für den Farbauftrag zu gewährleisten, Kanten sollten gebrochen werden.

8.10
Grundieren und mehrmaliges Streichen mit Dünnschichtlasur in dem gewünschten Farbton.

8.11
Alle Farbreste der vorhandenen Lasur sind sorgfältig zu entfernen. Ist das nicht der Fall, so ist die neue Dünnschichtlasur nicht deckend. Auch nach viermaligem Anstrich der neuen, anthrazitfarbenen Lasur schimmert das Blau der Originallasur immer noch durch.

Sanierung einer Holzfassade			
Arbeits-gang	Zeit (h/m²)	Werkzeug	Perso-nen
Demon-tage	0,1	Akkuschrauber	2
Reinigen	0,1	Hochdruckreiniger Plane 4x4m	1
Schleifen	0,2	Schwingschleifer Schleifpapier (120) mind. 2 Böcke	1
Streichen	0,2	Pinsel/Rolle mind. 2 Böcke	1
Montieren	0,2	Akkuschrauber Ersatzschrauben	2

Tabelle 8.8
Zeitaufwand und erforderliche Ausstattung für die oben beschriebene Sanierung. Der Zeitaufwand für die gesamten Arbeiten sollte mit etwa 1 h/m² Fassadenfläche kalkuliert werden.

staubbelastung und evtl. gesundheitsgefährdende Inhaltsstoffe den Aufwand nicht rechtfertigen.

Diese Methode mag beim ersten Hinsehen aufwändig erscheinen. Sie bietet jedoch den wesentlichen Vorteil, die gesamte Fassade alle 10 – 15 Jahre warten bzw. gründlich überarbeiten zu können:

- Überprüfen der Unterkonstruktion auf Feuchtigkeitsschäden und mechanische Festigkeit.
- Entfernen von Insekten durch Absaugen mit dem Staubsauger, Beseitigung von evtl. Einfluglöchern, Überprüfung und ggf. Erneuerung von Insektenschutzgittern.
- Prüfung der diffusionsoffenen Folie auf Funktionsfähigkeit, Rissbildung und eventuelle UV-Schäden und ggf. deren punktuelle oder komplette Erneuerung.
- Überprüfung der freiliegenden Fenster-, Tür-, Dach- und Deckenanschlüsse auf Luft- und Winddichtheit, ggf. Erarbeitung eines neuen Luftdichtheitskonzeptes.
- Prüfen der Dämmung auf Trockenheit, eventuelles Nacharbeiten der Dämmung bis hin zum Austausch durch ein Material mit geringerer Wärmeleitfähigkeit (die Dämmfähigkeit z.B. von Mineralfaser hat sich seit 1990 um ca. 20% verbessert).
- Verlegung von Elektrokabeln in der Hinterlüftungsebene, falls eine Notwendigkeit zur Nachinstallation besteht.
- Farbliche Neugestaltung der Fassade, mit der Möglichkeit, ggf. auch Wand- und Fensteröffnungen zu verändern und diese technisch und farblich anzupassen.

8.12
Fassade nach der Sanierung. Die Oberfläche ist absolut neuwertig, auch Fenster und Türen technisch und farblich überarbeitet. Der Vorgang kann vielfach wiederholt werden, das Gebäude erhält so ohne viel Aufwand ein zeitgemäßes Erscheinungsbild.

8.5 Schäden an Holzfassaden

Am Ende ist man schlauer. Architekt, Handwerker und Bauherrschaft stehen gemeinsam betreten vor der Fassade und alle sind sich einig: dieses Elend war so nicht gewollt.

Analyse typischer Schadensbilder

Wahrscheinlich gibt es keine Fassadenart, die über annähernd soviel Schadenspotenzial verfügt wie eine Holzfassade. Das liegt im Wesentlichen daran, dass Holz bei dauerhafter Durchfeuchtung einen hervorragenden Nährboden für Pilze, Schwamm und Algen bietet und bei Befall relativ schnell fault.

In den zurückliegenden Kapiteln sind bereits einige schlechte Beispiele dokumentiert worden. Zu unterscheiden sind:

- normale Alterungs- und Verwitterungsschäden,
- Schäden an sogenannten Verschleißteilen (siehe S. 70),
- Schäden durch mangelhafte Planung und Ausführung.

Alterungs- und Verwitterungsschäden sind weitgehend unvermeidbar, die Schäden an Verschleißteilen werden bewusst in Kauf genommen. Beides sollten Planer und Handwerker sorgfältig ihren Kunden vermitteln. Nur ein gut beratener Kunde wird diese Veränderungen entspannt akzeptieren. In der Schadenspraxis sind die Verantwortlichkeiten von Planern und Handwerkern häufig nicht zu trennen. Ein guter Planer führt den Handwerker nicht in Versuchung, ein guter Handwerker diszipliniert den Planer.

Planungsfehler

Es ist eine Binsenweisheit, dass eine sorgfältige Planung mehr Geld einspart als sie kostet. Der Baualltag sieht jedoch bisweilen anders aus. Hinzu kommt, dass wenige Architekten fundierte Kenntnisse von Holzfassaden haben und somit die notwendige

8.13

Lamellenschalungen wirken nur bei exakter Verlegung. Die häufigsten Fehler: Zu schmale Lamellen bergen die Gefahr des Spaltens beim Schrauben. Es werden keine astfreie Ware oder drehwüchsige Hölzer verwendet. Es sind mindestens drei Befestigungspunkte notwendig. Der Abstand der Unterkonstruktion sollte nicht größer sein als 50 - 60 cm. Foto: M. Mohrmann

8.14

Am tiefsten Punkt der Flachdachaufkantung läuft das Wasser dauerhaft an der Fassade herunter. Infolge der Stülpschalung verteilt sich das Wasser horizontal und führt zu einer zusätzlichen Belastung des unteren Brettrandes. Ist die Beschichtung angegriffen, wird die Saugfähigkeit des Holzes erhöht, wodurch die Austrocknung weiter verzögert wird.

8.15

Direkter Kontakt der Holzfassade mit dem Erdreich. Ein unverständlicher Detailfehler, der sichtbar innerhalb eines Jahres zum Schaden führen musste. Wahrscheinlich war das Niveau des späteren Pflasters zum Zeitpunkt des Fassadenbaus nicht bekannt. Trotzdem hätte man den Kiesstreifen ohne Einschränkungen einige Zentimeter tiefer legen können.

planerische Sorgfalt vermissen lassen. Leider wird immer wieder der Fehler gemacht, mineralische Massiv- und Putzfassaden als Maßstab zu nehmen, die wesentlich weniger Gefahrenquellen aufweisen. Leider werden Holzfassaden fast ausschließlich im Neuzustand veröffentlicht, was manch einen zum Leichtsinn verführen mag. Erst nach drei bis fünf Jahren lässt sich eine gut geplante Fassade von einer schlecht geplanten unterscheiden. Die weitverbreitete Meinung, eine unbehandelte Holzfassade würde immer gleichmäßig silbergrau, wurde bereits im Kap.6.1 widerlegt.

Ein grundlegender Fehler in der Planung besteht darin, die Folgen dauerhafter Bewitterung und Austrocknung nicht ausreichend zu simulieren. Erfahrene Holzfassadenplaner lassen sich nicht von neu gebauten Fassaden blenden, sondern ziehen ihre Erkenntnisse aus mindestens fünf Jahre alten Bekleidungen.

Allerdings lässt sich auch bei sorgfältigster Planung die Veränderung des Holzes und des Gesamteindrucks nicht hundertprozentig prognostizieren, da die mikroklimatischen Verhältnisse am Haus von vielen, auch im Laufe der Zeit auftretenden, sich verändernden Faktoren abhängig sind (z.B. Feuchtigkeit und Schattenwurf durch größer werdende Bäume in Gebäudenähe, Windschneisen infolge umliegender Bebauung, Veränderung von Luftschadstoffen etc.). Eine oder mehrere Optionen für eine spätere Nachbearbeitung der Fassade sollten bereits bei der Planung berücksichtigt werden. Dazu gehört insbesondere die farbliche Nacharbeitung und Neugestaltung (siehe auch Kap. 8.4). Es zeigt sich immer wieder, dass die Art und Anzahl der Anschlussdetails nicht nur die Erstellungskosten dominieren, sondern auch die Hemmschwelle für die spätere Überarbeitung entscheidend beeinflussen.

Die planerischen Grundregeln lauten:

- Geometrisch einfache, rechtwinklige, zusammenhängende Flächen,
- Berücksichtigung von handhabbaren Brettlängen (> 4 m ist unpraktisch),

8.16
Verkleidung eines Eingangsbereiches mit Sperrholzplatten. Die Plattenstöße sind trotz Schrägschnitt ungeschützt, so dass Wasser eindringen kann und die Dickschichtlasur hinterläuft und zum Abplatzen bringt. Die untere Platte steht ohne Fuge auf der Sockelverblechung auf. Neben der Spritzwasserbelastung zieht hier auch Kapillarfeuchtigkeit in der Platte.

8.17
Horizontale Trennung einer zweigeschossigen Fassade. Trotz Anschrägens der Trennbrettoberseite wird die Oberfläche schon bald so stark bewittert, das die Beschichtung ausgewaschen wird und das Holz regelmäßig durchfeuchtet und fault. Gleichzeitig fehlt die Abtropffuge zu den darüber liegenden Brettern, so dass Kapillarfeuchtigkeit aufsteigt.

8.18
Ausgebrochene Ecke einer zementgebundenen Spanplatte. Wenn der Abstand zwischen Plattenrand und Schraubloch zu gering ist und die Vorbohrung nicht ausreichend groß ist (Schraubendurchmesser + mind. 2 mm), können die thermischen Materialspannungen, vor allem bei dunklen Oberflächen und besonnten Fassaden, zum Abriss führen.

- Fugengestaltung (durchlaufend oder versetzt) bereits in der Planungsphase,
- große Öffnungen ohne Material- und Farbwechsel im Leibungsbereich.

Die Art der Detailausbildung ist stark von der zu erwartenden handwerklichen Qualität abhängig. Sollte die ausführende Firma nicht über Mitarbeiter mit der technischen Ausstattung und dem Blick für anspruchsvolle Details verfügen, so empfiehlt es sich, die Anschlusspunkte entsprechend zu vereinfachen.

Ausführungsfehler

Die Verantwortung der Ausführung liegt letztlich beim Handwerker, sollte von ihm etwas anderes verlangt werden als die Ausführung gemäß den geltenden DIN (EN)-Vorgaben bzw. der aktuellen Fassung (2020) der bereits des Öfteren zitierten Fachregegeln des Zimmererhandwerks, so sollte er unbedingt seine Bedenken dem Auftraggeber gegenüber schriftlich formulieren. Die Verdingungsordnung für Bauleistungen (VOB) fordert diesen schriftlichen Hinweis auf bestehende fachliche Bedenken ausdrücklich.

Auch wenn aus der langjährigen Erfahrung des Autors die Mehrzahl der Schäden auf Planungsfehlern beruht, so sind einige Schadensbilder eindeutig einer mangelhaften Ausführung geschuldet:

- Nicht funktionierende Luftschicht, was aber relativ selten zu wirklichen Schäden führt, insbesondere bei unbehandelten Fassaden,
- Befestigungsmängel, z.B. Spalten des Holzes beim Nageln, Beschädigung der Holzoberfläche bei maschinellen Klammern und Nageln,
- Einbau zu feuchter und zu breiter Bretter und daher resultierende Rissbildung,
- falsche Fugen- und Stoßausbildung,
- fehlerhafte und nicht nach Herstellervorgaben ausgeführte Beschichtung,
- nicht vorhandener Minimalabstand der Bretter zu horizontal und vertikal angrenzenden Bauteilen.

8.19

Eine durchaus reizvolle Entwurfsidee, das Herausstellen des Fensters. Leider wird sie durch die schlechte Ausführung zunichte gemacht. Die willkürlich angeordnete Stoßfuge, deren mangelhafte Ausführung sowie das unsauber ausgesägte Brett trüben den Gesamteindruck des Details erheblich. Der Planer hat den Handwerker unnötig in Verlegenheit gebracht.

Schadensvermeidung

Wer das Buch bis hierhin sorgfältig gelesen hat, kann sich die folgende Auflistung der Grundregeln ersparen. Für alle anderen seien die Grundregeln beim Bau einer Holzfassade nochmals kurz zusammengefasst:

- Sorgfältige Auswahl der Holzart (Dauerhaftigkeitsklasse), der Holzqualität und der Einbaufeuchtigkeit.
- Sorgfältige Auswahl des Beschichtungssystems; Anstrich und Holzauswahl nach Vorgaben des Herstellers.
- Große und wirksame Dachüberstände bei beschichteten Fassaden.
- Gewährleistung des schnellen Austrocknens für alle Hölzer.
- Möglichst vertikale Verlegung des Holzes, um einen optimalen Wasserablauf und ein schnelles Austrocknen des Holzes zu gewährleisten.
- Verhindern von Spritzwasser, sowohl im Sockelbereich wie auch durch Vermeiden von Vorsprüngen in der Fassade (z.B. Gesimse, Rollladenkästen o.ä).
- Vermeiden jeglicher Erdberührung.
- Sorgfältige Detailausführung an Gebäudeecken, Fensterleibungen, Dachanschlüssen und Sockelbereichen, damit stehendes oder aufsteigendes Wasser sicher vermieden wird.
- Großzügige Hinterlüftungsebenen bei gleichzeitig wirksamem Kleintierschutz.
- Horizontale Bauwerksanschlüsse und Übergänge (Schwelle, Geschosstrennung, Stürze, Dachanschluss) mit korrosionsbeständigen Metallprofilen, alternativ Holzprofile, die sich problemlos auswechseln lassen.
- Fugenausbildung, eventuell notwendiges Hinterlegen von Fugenprofilen, einschließlich Verbreiterung der Unterkonstruktion im Stoßbereich.
- Bei Aussparungen, Durchdringungen u.ä. keine Berührung des Holzes mit dem Rohr, regensichere Abdichtung der Anschlüsse erst im Bereich der diffusionsoffenen Fassadenbahn.

9 Anhang

9.1 Literatur + Normen

Verwendete Literatur

[1] Bund deutscher Zimmermeister: Fachregeln des Zimmererhandwerks, Außenwandbekleidungen aus Holz und Holzwerkstoffen. Ausgabe 02/2023

[2] HOLZFORSCHUNG AUSTRIA: Fassaden aus Holz, 2. Auflage, Wien, 2014,

[3] Selter, Wolfram, Holzfassaden richtig schützen, in: APPLICA 8/2005

[4] Graf, Erwin; Raschle Paul: Pilze an Holzfassaden mit Oberflächenbehandlung, in: APPLICA 13-14/2003

[5] Grossmann, Carol: Marktchancen für hitzebehandeltes Holz in Deutschland. Freiburg 2002

[6] Kabelitz, E.; Reimann, G.: Außenbekleidungen aus Vollholz.

[7] Kabelitz, E.; Schmidtz, H.: Holzfassaden für die Gebäuderenovierung. INFORMATIONSDIENST HOLZ, Holzbauhandbuch, Reihe 1, Teil 10, Folge 2, Arbeitsgemeinschaft Holz e.V., Düsseldorf 1998

[8] Müller, A.; Sessing., J; Schwaner, K.; Wiegand, T.: Außenbekleidungen mit Holzwerkstoffplatten. INFORMATIONSDIENST HOLZ, Holzbauhandbuch, Reihe 1, Teil 10, Folge 4, Arbeitsgemeinschaft Holz e.V., Düsseldorf 2001

[9] Kotthoff, I: Brandweiterleitung an Fassaden. in: Tagungsband VFT-Seminar vom 30.11. und 01.12.2000; Verband der Fenster- und Fassadenhersteller, Babenhausen, 2000

[10] Volkmer, Thomas: Schimmelpilze auf beschichteten Holzfassaden: chemische und physikalische Einflussfaktoren. Freiburg 2007

[11] Schulze, H.: Baulicher Holzschutz. INFORMATIONSDIENST HOLZ, Holzbauhandbuch, Reihe 3, Teil 5, Folge 2, Entwicklungsgemeinschaft Holzbau (EGH) in der Deutschen Gesellschaft für Holzforschung e.V., München, 1997

[12] Winter, S.; Löwe, P.: Brandschutz im Holzbau – gebaute Beispiele. INFORMATIONSDIENST HOLZ, Holzbauhandbuch, Reihe 3, Teil 4, Folge 3, Entwicklungsgemeinschaft Holzbau (EGH) in der Deutschen Gesellschaft für Holzforschung e.V., München, 2001

[13] Kuhweide, P.; Wagner, G.; Wiegand, T.: Konstruktive Vollholzprodukte. INFORMATIONSDIENST HOLZ, Holzbauhandbuch, Reihe 4, Teil 2, Folge 3, Arbeitsgemeinschaft Holz e.V., Düsseldorf, 2000

[14] Radovic, B.; Cheret, P; Heim, F.: Konstruktive Holzwerkstoffe. INFORMATIONSDIENST HOLZ, holzbau handbuch, Reihe 4, Teil 4, Folge 1, Arbeitsgemeinschaft Holz e.V., Düsseldorf, 2001

[15] Böttcher, P.: Anstriche für Holz und Holzwerkstoffe im Außenbereich. INFORMATIONSDIENST HOLZ, Arbeitsgemeinschaft Holz e.V., Düsseldorf, 1999

[16] Mohrmann, Martin; Simpson, Susanne: Graue Fassaden - naturidentisch, in: Holzbau 6/2010

[17] Merkblatt zur Reinigung von unbehandelten Holzfassaden mit dem Hochdruckreiniger, 2010, AHB Biel

Weiterführende Literatur

Baus, U.; Siegele, K.: Holzfassaden. DVA Verlag, Stuttgart, München, 2000

Bösch, H.: Fassadenverkleidungen aus unbehandeltem Holz. Lignatec 8/1999; Lignum, Zürich, 1999

Cerliani, Ch.; Baggenstos, Th.: Sperrholzarchitektur. Baufachverlag Lignum, Zürich, 1997

Cerliani, Ch.; Baggenstos, Th.: Holzplattenbau. Baufachverlag Lignum, Zürich, 2000

ProHolz Austria, Fassaden aus Holz, 2. überarbeitete Auflage, Wien 2014

ProHolz Austria, Zuschnitt 63, Wien 2016

Vallentin+Reichmann Architekten:, Hinweise zur Planung von Holzfassaden, München 2017

Normen und allgem. Rechtsvorschriften

Musterbauordnung – MBO: November 2002, letzte Aktualisierung 2019

DIN 18 299 (2019-09): VOB Verdingungsordnung für Bauleistungen – Teil C: Allgemeine Regelungen für Bauarbeiten jeder Art

DIN 18334 (2016-09): VOB Vergabe- und Vertragsordnung für Bauleistungen - Teil C: Allgemeine Technische Vertragsbedingungen für Bauleistungen (ATV) - Zimmer- und Holzbauarbeiten.

DIN 18 351 (2019-09): VOB Verdingungsordnung für Bauleistungen – Teil C: Allgemeine Technische Vertragsbedingungen (ATV); Fassadenarbeiten; Feuchteschutz; Anforderungen, Berechnungsverfahren und Hinweise für Planung und Ausführung.

DIN 4108-3 (2014-11): Wärmeschutz und Energie-Einsparung in Gebäuden – Teil 3: Klimabedingter Feuchteschutz; Anforderungen und Hinweise für Planung und Ausführung

DIN EN 1995-1-1 (2010-12) Eurocode 5: Bemessung und Konstruktion von Holzbauten, Teil 1-1Allgemeines

DIN EN 1995-1-1 (2010-12) / Nationaler AnhangDIN 18 516-1 (2010-06): Außenbekleidungen, hinterlüftet – Teil 1: Anforderungen; Prüfgrundsätze

DIN 50 010-1 (1977-10): Klimate und ihre technische Anwendung; Klimabegriffe; Allgemeine Klimabegriffe

Holz, Holzwerkstoffe, Verbindungsmittel

DIN 68365 (2008-12): Bauholz für Zimmerarbeiten; Gütebedingungen

DIN 4072 (2019-04): Gespundete Bretter aus Nadelholz.

DIN EN 622 (2003-09): Faserplatten - Anforderungen - Teil 1: Allgemeine Anforderungen.

DIN EN 13986 (2015-06) Holzwerkstoffe zur Verwendung im Bauwesen, Eigenschaften, Bewertung der Konformität und Kennzeichnung

DIN 4074-1 (2012-06): Sortierung von Holz nach der Tragfähigkeit - Teil 1: Nadelschnittholz.

DIN EN 12775 (2001-04): Massivholzplatten - Klassifizierung und Terminologie.

DIN EN 13353 (2011-07): Massivholzplatten (SWP) – Anforderungen.

DIN 68 364 (2003-05): Kennwerte von Holzarten – Rohdichte, Elastizitätsmodul und Festigkeit

DIN EN 350-2 (2016-12): Dauerhaftigkeit von Holz- und Holzwerkstoffen

DIN EN 10088-1(2014-12): Nichtrostende Stähle - Teil 1: Verzeichnis der nichtrostenden Stähle

DIN EN 10230-1:2000-01: Nägel aus Stahldraht - Teil 1: Lose Nägel für allgemeine Verwendungszwecke

DIN EN 14519 (2006-03): Innen- und Außenbekleidungen aus massivem Nadelholz – Profilholz mit Nut + Feder

DIN EN 13859-2 (2014-07): Unterdeck- und Unterspannbahnen für Wände

Brandschutz

DIN 4102-4 (2016-05): Brandverhalten von Baustoffen und Bauteilen; Zusammenstellung und Anwendung klassifizierter Baustoffe, Bauteile und Sonderbauteile.

DIN 4102-22 (2004-11): Brandverhalten von Baustoffen und Bauteilen - Teil 22: Anwendungsnorm zu DIN 4102-4 auf der Bemessungsbasis von Teilsicherheitsbeiwerten.

Holzschutz

DIN 68 800-1 (2019-06): Holzschutz im Hochbau – Teil 1 Allgemeines

DIN 68 800-2 (2019-06): Holzschutz im Hochbau – Teil 2: Vorbeugende bauliche Maßnahmen im Hochbau

DIN 68800-3 (2019-06): Holzschutz im Hochbau – Teil3: Vorbeugender Schutz von Holz mit Holzschutzmitteln

DIN EN 927-1 (2013-05): Lacke und Anstrichstoffe - Beschichtungsstoffe und Beschichtungssysteme für Holz im Außenbereich - Teil 1: Einteilung und Auswahl.

Bundesausschuss Farbe und Sachwertschutz e.V., Hrsg.: Merkblatt 18 „Beschichtungen auf Holz und Holzwerkstoffen im Außenbereich aus Holz“. Bundesausschuss Farbe und Sachwertschutz e.V., Frankfurt/Main, 2006

Technische Vertragsbedingungen (ATV); Maler- und Lackierarbeiten

9.2 Adressen von Verbänden und Institutionen

Bundesausschuss Farbe und Sachwertschutz e.V., Gräfstrasse 79, 60486 Frankfurt/Main
Tel.: +49 (0)69 66575333
Fax: +49 (0)69 66575350
www.farbe-bfs.de

Fachagentur Nachwachsende Rohstoffe e.V. (FNR), Hofplatz 1, 18276 Gülzow-Prüzen
Tel.: +49 (0)3843 6930-0
Fax: +49 (0)3843 6930-102
www.fnr.de

Holzbau Deutschland – Bund deutscher Zimmermeister, Kronenstraße 55-58, 10117 Berlin
Tel. : +49 (0)30 20 314-0
www.holzbau-deutschland.de

Holzbau Deutschland - Institut e.V.
Kronenstraße 55-58, 10117 Berlin
Tel. : +49 (0)30 20 314 533
Fax : +49 (0)30 20 314 566
www.institut-holzbau.de

Informationsverein Holz e.V.
Franklinstr. 42, 40479 Düsseldorf
Tel. +49 (0) 211 966 55 80
Fax +49 (0) 211 966 52 82
www.informationsvereinholz.de
www.informationsdienst-holz.de

Institut für Holztechnologie Dresden gemeinnützige GmbH
Zellescher Weg 24, 01217 Dresden
Fon +49 351 4662 0
Fax +49 351 4662 211
www.ihd-dresden.de

Holzforschung Austria
Forschungsinstitut und akkreditierte Prüf- und Überwachungsstelle der Österreichischen Gesellschaft für Holzforschung (ÖGH),
Franz Grill-Strasse 7, A-1030 Wien
Tel.: +43 (0)1/798 26 23-0,
Fax: +43 (0)1/798 26 23-50
www.holzforschung.at

proHolz Austria, Arbeitsgemeinschaft der österreichischen Holzwirtschaft,
Uraniastraße 4, A-1011 Wien
Fon +43 (0)1/712 04 74
Fax +43 (0)1/713 10 18
www.proholz.at

LIGNUM, Holzwirtschaft Schweiz
Falkenstrasse 26, CH-8008 Zürich
Tel +41 44 267 47 77
Fax +41 44 267 47 87
www.lignum.ch

Stichwortverzeichnis

Weitere Bücher im ökobuch Verlag

Anders gärtnern

Permakultur-Elemente im Hausgarten. Ob Kräuterspirale, Krater- bzw. Hochbeet, Kartoffelturm, Wurmfarm oder Erdgewächshaus mit Hühnerstall, bei allem dient die Natur als Vorbild. Mit vielen Anleitungen für einen Hausgarten, in dem die Bereiche harmonisch zusammenwirken und sich gegenseitig fördern. Von Margit Rusch. 96 Seiten, mit vielen farbigen Abbildungen, 16,95 €

Mein kleiner Permakultur-Garten

300 kg Ernte auf 150 m² Fläche mitten in der Stadt. Der Autor Josef Chauffrey beschreibt die Kultivierung eines Reihenhausgartens nach Permakultur-Prinzipien und zeigt, wie sich beachtliche Ernteerfolge an Obst u. Gemüse erzielen lassen. 110 Seiten, mit vielen farbigen Abbildungen, 16,95 €

Biogarten-Praxisbuch

Anleitung zum naturgemäßen Gärtnern in Bildern. Hier wird das notwendige Wissen vermittelt, um erfolgreich den Boden zu bestellen und reichhaltig gesundes Obst und Gemüse zu ernten. Von Susanne Bruns. 224 Seiten, viele Abbildungen, 18,95 €

Dächer begrünen

Grüne Dächer sind nicht nur schön anzusehen: Sie bilden wertvolle Biotope in der Stadt, verbessern die Luft und haben erhebliche bautechnische wie auch bauphysikalische Vorzüge. Von Gernot Minke. 96 Seiten, mit vielen Abbildungen, 16,95 €

Auf 300 qm Gemüseland

… den Bedarf eines Haushalts ziehen. Wie man auf kleinstem Raum einen Nutzgarten anlegt und erfolgreich bewirtschaftet, können wir von unseren Vorfahren lernen. Mit schnellen, praktischen, alphabetisch geordneten Infos über die wesentlichen Pflanzen, über Anbau- und Arbeitsmethoden. Von Arthur Janson. Neugestalteter Nachdruck der Erstausgabe von 1926. 170 Seiten, 16,95 €

Saatgut aus dem Hausgarten

Nach einer Einführung in die Saatgutgewinnung und in die Praxis der Vermehrung werden die nötigen Hilfsmittel, Ernte, Reinigung und Lagerung der Samen sowie Aussaat und Aufzucht beschrieben. Mit kurzen Pflanzenporträts aller im Hausgarten üblichen Kräuter, Gemüse und Blumen. Von Marlies Ortner. 138 Seiten, mit vielen farbigen Abbildungen, 19,90 €

Trocknen und Dörren mit der Sonne

Bau & Betrieb von Solartrocknern. Ein Buch für alle, die einen funktionstüchtigen Solartrockner kostengünstig selbst bauen möchten, um Obst, Gemüse und Kräuter natürlich und hochwertig haltbar zu machen. Außerdem: Praxis des Trocknens mit vielen Tipps aus langjähriger Erfahrung. Herausgegeben von Claudia Lorenz-Ladener. 96 Seiten, mit vielen farbigen Abbildungen, 16,95 €

Terrassen und Decks aus Holz selbst gebaut

Planungsüberlegungen, sinnvolle Konstruktionen, Materialempfehlungen. Viele Beispiele und Schritt-für-Schritt-Bilder vermitteln das Wissen zum Bau schöner Holzdecks. Von Peter Himmelhuber. 102 Seiten, mit vielen farbigen Abbildungen, 16,95 €

Mein Garten lebt

Vögel, Schmetterlinge, Igel, Wildbienen und andere nützliche Tiere ansiedeln. Mit Bauanleitungen und Gestaltungsideen, um durch Nisthilfen, Schlafquartiere u.ä, Gärten tierfreundlich zu gestalten. Von Peter Himmelhuber. 96 Seiten, mit vielen farbigen Abbildungen, 16,95 €

Natürlich konservieren

Die 250 besten Rezepte, um Gemüse und Obst möglichst naturbelassen haltbar zu machen und ein maximum an Vitaminen, Nährstoffen und Geschmack zu erhalten. Herausgegeben von Terre Vivante. 160 Seiten, mit vielen Abbildungen, 16,95 €

Trockenmauern für den Garten

Bauanleitung & Gestaltungsideen. Ob Sitzplätze oder Hochbeete einzufassen, eine Hangfläche zu terrassieren oder das Grundstück einzugrenzen: Mit einfachen Werkzeugen kann jeder kostengünstig eine schöne und dauerhafte Trockenmauer selbst bauen. Von Jana Spitzer und Reiner Dittrich. 96 Seiten, mit vielen farbigen Abbildungen, 16,95 €

Hütten von Kindern selbst gebaut

Das Buch zeigt schön illustriert, wie Kinder ohne großen Aufwand ihr eigenes kleines Reich erschaffen können, mit Baumaterialien, die fast alle draußen zu finden sind: Spielhäuschen, Kuppelbau, Schlupfwinkel, Beobachtungsversteck. Ab 8 Jahre. Von Louis Espinassous. 58 Seiten, mit vielen Abbildungen, 16,95 €

Kleine Baumhäuser und Hütten

… kinderleicht gebaut. Hier wird gezeigt, wie Baum- und Stelzenhäuser gebaut werden können.

Mit Anleitungen für verschiedene Konstruktionen und Bildern von realisierten Beispielen. Von David Stiles. 96 Seiten, mit vielen farbigen Abbildungen, 16,95 €

Holzbacköfen im Garten

Detaillierte Bauanleitungen vom einfachen Lehmofen bis zum gemauerten Brotbackhäuschen.

Mit vielen Erfahrungen und Ratschlägen sowie pfiffigen Tipps und Rezepten. Herausgegeben von Claudia Lorenz-Ladener. 138 Seiten, mit vielen Abbildungen, 17,95 €

Gestalten mit Stein im Garten

Pflastern von Wegen, Terrassen und Zufahrten, Anlegen von Treppen und das Errichten von Mauern und Hangbefestigungen, mit Hinweisen zur Materialwahl, zu Aufwand und Kosten, und mit Anregungen für eigenes Schaffen. Von Peter Himmelhuber. 126 Seiten, mit vielen farbigen Abbildungen, 16,95 €

Hauserneuerung

Instandsetzen - Modernisieren - Energiesparen - Umbauen: mit Anleitung zur Selbsthilfe. Das Buch beschreibt ausführlich den behutsamen, handwerklich sachgerechten und umweltverträglichen Umgang mit alter Bausubstanz. Von G. Haefele, W. Oed und L. Sabel. 256 Seiten, mit vielen Abbildungen, 28,90 €

Vom Altbau zum Effizienzhaus

Energietechnische Gebäudesanierung in der Praxis: Nachträgliche Wärmedämmung der Gebäudehülle, Fenstererneuerung, sowie Sanierung der Haustechnik einschließlich Lüftung, Heizung, Sanitär und Elektro. Hrsg. von Ingo Gabriel und Heinz Ladener. 200 Seiten, mit vielen farbigen Abbildungen, 28,90 €

Handbuch Lehmbau

Umfassendes Lehrbuch und Nachschlagewerk: Es zeigt Einsatzmöglichkeiten, Eigenschaften und Verarbeitungstechniken des Baustoffes Lehm. Mit Forschungsergebnissen und Beschreibungen ausgeführter Lehmhäuser. Von Gernot Minke. 222 Seiten, mit vielen Abbildungen, 38,- €

Handbuch Strohballenbau

Ein Konstruktions-Handbuch, das Konzeption, Bautechnik und alle Details beschreibt, um aus Strohballen gut gedämmte, dauerhafte Häuser zu bauen. Mit vielen Konstruktionsdetails und Beispielen. Von Gernot Minke und Benjamin Krick. 152 Seiten, mit vielen farbigen Abbildungen, 29,90 €

Naturkeller

Grundlagen der Kühllagerung und Anleitungen für Planung und Bau naturgekühlter Lagerräume im Haus und Freiland. Von Claudia Lorenz-Ladener. 140 Seiten, mit vielen Abbildungen, 19,90 €

Gestalten mit Holz im Garten

Bodenbeläge, Holzdecks, Zäune, Rankgerüste, Lauben. Bauanleitungen und Gestaltungsideen für Nützliches und Dekoratives aus Schnittholz und aus grünem Holz. Von Heidi Howcroft. 136 Seiten, mit vielen Abbildungen, 18,95 €

Mit Weiden bauen

Anleitungen für Zäune, Laubengänge, Wigwams, Sitzplätze und grüne Kuppeln. Arbeiten mit lebendem Material, aus dem sich viele schöne, nützliche Dinge herstellen lassen. Von Jon Warnes. 60 Seiten, mit vielen farbigen Abbildungen, 16,95 €

Kleine grüne Archen

Passivsolare Gewächshäuser als Alternative zum transparenten Standard-Gewächshaus. Das Buch zeigt, wie Solargewächshäuser freistehend, angelehnt oder teilweise in der Erde versenkt auch selbst gebaut werden können. Von Claudia Lorenz-Ladener. 128 Seiten, mit vielen farbigen Abbildungen, 22,90 €

Einfache Lauben und Hütten selbst gebaut

Einfache Paradiese zum Selbstbauen. Bauanleitungen für schnell zu errichtende Behausungen (Tipi, Baumhaus, Kuppelbau, Hogan etc.), sowie für schöne Lauben für den Garten oder die freie Natur. Von Claudia Lorenz-Ladener. 160 Seiten, mit vielen farbigen Abbildungen, 16,95 €

Praxis: Holzfassaden

Material, Planung, Ausführung. Das Buch zeigt nicht nur die gestalterischen Möglichkeiten moderner Holzfassaden, sondern stellt zahlreiche vorbildliche Beispiele und Detaillösungen mit Ecken, Sockel, Dach- und Fensteranschlüssen vor. Von Ingo Gabriel. 112 Seiten, mit vielen farbigen Abbildungen, 28,- €

Neues Bauen mit Stroh in Europa

Bauen mit großformatigen Quadern aus gepresstem Stroh: gebaute Beispiele, erprobte Bauformen und Konstruktionen, Besonderheiten, neue Projekte und Forschungen.
Von H. u. A. Gruber u. H. Santler. 112 Seiten, mit vielen Abbildungen, 16,95 €

Das neue Heizen

Umweltfreundlich und wirtschaftlich heizen mit Gas, Holz, Strom und Sonnenenergie. Eine vergleichende Übersicht über moderne Heizungstechniken und deren Einsatz in gut gedämmten Gebäuden. Von M. Schulz u. H. Westkämper. 230 Seiten, mit vielen farbigen Abbildungen, 36,00 €

Regenwasser für Garten und Haus

Ein kompetenter Ratgeber für Planung und Bau von Regenwassersammelanlagen nach dem Stand der Technik: Bemessung, Genehmigung, Speichertanks, Pumpen, Rohrleitungen, Zubehör. Von Karlheinz Böse. 96 Seiten, mit vielen Abbildungen, 16,95 €

Autonome Stromversorgung

Auslegung, Aufbau und Praxis autonomer Stromversorgungsanlagen mit Batteriespeicher für Beleuchtung und für netzferne Handwerks- u. Landwirtschaftsbetriebe. Von Philipp Brückmann und Georg Bopp. 126 Seiten, mit vielen Abbildungen, 22,90 €

Unsere Bücher erhalten Sie in allen Buchhandlungen.
www.oekobuch.de · E-Mail: verlag@oekobuch.de